安徽省哲学社会科学规划项目研究成果(项目批准号:AHSKY2021D138)
安徽省优秀科研创新团队项目(项目批准号:2022AH010054)

安徽省碳达峰时间预测、实现路径及驱动政策研究

高乐红　董洪光　杨　力　著

中国矿业大学出版社
·徐州·

内 容 提 要

　　本书以低碳经济学理论为指导,科学核算了安徽省碳排放量,通过数据分析提炼了安徽省碳达峰面临的七大挑战;采用三种方法进行预测建模,对安徽省碳达峰的时间、峰值、发展路径进行了情景模拟,识别了安徽省能否在2030年实现碳达峰及碳达峰的路径等问题,在此基础上提出了安徽省碳达峰的政策建议。

　　本书可以为低碳经济学领域的科研工作者提供研究借鉴,也可以为政府相关职能部门制定低碳发展政策提供决策参考。

图书在版编目(C I P)数据

　　安徽省碳达峰时间预测、实现路径及驱动政策研究 /
高乐红,董洪光,杨力著. — 徐州:中国矿业大学出版
社,2025.5. — ISBN 978-7-5646-6747-4

　　Ⅰ. X511

　　中国国家版本馆 CIP 数据核字第 2025XL1462 号

书　　名	安徽省碳达峰时间预测、实现路径及驱动政策研究
著　者	高乐红　董洪光　杨　力
责任编辑	史凤萍　侯　明
出版发行	中国矿业大学出版社有限责任公司
	（江苏省徐州市解放南路　邮编221008)
营销热线	(0516)83885370　83884103
出版服务	(0516)83995789　83884920
网　　址	http://www.cumtp.com　**E-mail**:cumtpvip@cumtp.com
印　　刷	苏州市古得堡数码印刷有限公司
开　　本	787 mm×1092 mm　1/16　印张 12.25　字数 240 千字
版次印次	2025 年 5 月第 1 版　2025 年 5 月第 1 次印刷
定　　价	54.00 元

　　（图书出现印装质量问题,本社负责调换)

作 者 简 介

高乐红,女,硕士,讲师,安徽理工大学教师,主要从事低碳经济、电子商务等方向的教学与科研工作,主持省级课题 2 项,参与各类课题多项,发表论文 10 余篇,出版专著 1 部,主编教材 1 部。

董洪光,男,博士,副教授,硕士生导师,安徽理工大学教师,主要从事企业战略管理、低碳经济等方向的教学与科研工作,主持省部级课题 6 项,主持企业横向课题 2 项,发表各类论文 30 余篇,出版专著 2 部,主编教材 1 部。

杨力,男,博士,教授,博士生导师,安徽理工大学经管学院院长,主要从事管理决策分析、人力资源管理、能源经济、绿色金融等方向的教学与科研工作,主持国家自然科学基金项目 3 项,发表学术论文 60 余篇。

前　言

　　本书是由安徽理工大学承担的两个省级科研项目的研究成果拓展而成的。这两个项目分别是:安徽省哲学社会科学规划项目"安徽省碳达峰时间预测、实现路径及驱动政策研究"(项目批准号:AHSKY2021D138),安徽省优秀科研创新团队项目"煤矿安全与能源环境治理"(项目批准号:2022AH010054)。

　　推动碳排放尽早达峰、努力实现碳中和,是党中央做出的重大战略部署。安徽省是能源大省,在碳达峰过程中存在着能源消费偏"煤"、产业结构偏"重"、科技创新效率不高等问题。因此,进行安徽省碳达峰的相关问题研究具有较好的实践意义。

　　本书的研究内容分为五部分:① 在数据采集的基础上,总结提炼了安徽省碳达峰面临的挑战;② 依据生态环境部的政策规定,科学估算了安徽省碳排放量;③ 采用多种方法结合,对安徽省碳达峰的时间、峰值、路径进行了识别确认;④ 科技创新是安徽省碳达峰的基础支撑,构建 DEA-BCC-O 模型对安徽省科技创新效率进行了研究,寻找安徽省科技创新效率存在的问题,为安徽省提高科技创新效率提供对策建议;⑤ 在归纳总结研究成果的基础上,提出了安徽省碳达峰的政策建议。

本书在研究上具有两大特色:① 采用三种碳达峰预测方法,相互印证研究结论。分别采用 EKC 模型、STIRPAT 模型、LEAP 模型,构建安徽省碳达峰预测模型,保证了安徽省碳达峰时间、峰值、路径等科学问题研究结论的科学性。② 对安徽省未来发展情景参数的设置,依据政府规划文件和历史发展特征综合确定,保证了情景设置参数的客观性、研究结果的科学性。

感谢安徽理工大学汤传平老师对课题结题和成果出版的悉心指导。

希望本书可以为碳达峰碳中和主题研究者提供一定的研究借鉴,为经管类研究生学习专业知识提供一定的帮助,为政府相关部门制定低碳发展政策提供决策参考。愿望虽好,但限于作者学识水平,书中难免有疏漏之处,敬请各位读者批评指正。

联系邮箱:xktwdhg@126.com。

目　　录

第1章 绪 论

1.1 研究背景

（1）国家战略部署

全球气候变暖已经严重威胁到人类的可持续发展，国际社会和我国均采取措施应对全球气候变化、减缓温室效应。2020 年 9 月 22 日，习近平主席在第七十五届联合国大会上提出了中国积极应对全球气候变化、"努力争取 2030 年前实现碳达峰，2060 年前实现碳中和"的目标。2021 年 3 月 11 日，十三届全国人大四次会议表决通过的《中华人民共和国国民经济和社会发展第十四个五年规划和 2035 年远景目标纲要》明确，"落实 2030 年应对气候变化国家自主贡献目标，制定 2030 年前碳排放达峰行动方案"。党的二十大报告则进一步明确"积极稳妥推进碳达峰碳中和""积极参与应对气候变化全球治理"。

由此可见，推动碳排放尽早达峰、努力实现碳中和，实现经济社会绿色可持续发展，是党中央做出的重大战略部署，是我国履行国家自主贡献承诺的重要手段，也是我国建设生态文明、践行绿色发展理念的核心内容和内在要求。

（2）安徽省碳达峰碳面临的挑战

安徽省为贯彻国家碳达峰工作，面临着诸多的挑战。

① 时间紧，任务重。《2030 年前碳排放达峰行动方案》作为我国以及各省、市碳排放达峰的纲领性文件，聚焦 2030 年前碳达峰目标，对推进碳达峰工作做出总体部署。碳达峰碳中和是一项复杂的系统性工程，从国外碳达峰碳中和过程来看，安徽省不论是 2030 年前碳达峰，还是 2060 年前碳中和，都存在时间短、任务重、难度大等挑战。

② 经济增长带来能源消费量剧增。近年来,安徽省经济保持着快速发展的趋势,这也导致安徽省的能源消费量急剧上升,能源消费量的上升使得实现碳达峰面临不小挑战。

③ 能源结构偏煤。安徽省煤炭资源丰富,导致煤炭在安徽省的能源结构中长期处于主导地位,2023 年安徽省煤炭消费占比高于全国水平。能源消费偏煤,给安徽省实现碳达峰目标带来了压力。

④ 长三角能源基地的责任重大。安徽省是长三角主要的能源基地,肩负着向江苏、浙江、上海输送煤炭、电力的区域战略功能。煤炭的生产、火力发电和电力输送都会影响安徽省碳排放任务的完成。

⑤ 安徽省"十四五"规划目标提出新要求。安徽省在其"十四五"规划中提出,将安徽省的单位地区生产总值(单位 GDP)能源消耗和单位 GDP 二氧化碳排放指标 5 年内分别累计下降 13.5％和 18％。这对安徽省社会经济发展过程中的节能减排措施与二氧化碳减排量提出了新的要求。

由此可见,在"双碳"目标下,安徽省实现碳达峰面临着一系列的挑战。因此,科学预测安徽省实现碳达峰的时间,寻找安徽省实现碳达峰的途径,在此基础上提出相关的驱动政策,对于促进安徽省早日实现碳达峰具有重要的现实意义。

1.2 研究意义

（1）理论意义

本研究需要在可持续发展理论、低碳经济理论、计量经济学、统计学等多学科理论的指导下,综合运用碳排放测算方法、情景模拟、数据包络分析等多种研究方法、多种模型进行综合研究,相互印证,最终确定安徽省碳达峰的时间、实现路径、驱动政策。这些多学科研究方法的综合应用,在一定程度上可以丰富低碳经济的理论,为后学者进行相关研究提供一定的理论方法借鉴。

（2）实践意义

"双碳"目标是我国对世界做出的庄严承诺,安徽省作为长三角和中部地区的重要组成部分,其实现碳达峰具有重要的实践意义。

一是可以有效响应国家号召,完成国家战略部署,二是可以让安徽省积极应对自身条件带来的碳达峰碳中和挑战。本研究科学确定安徽省碳达峰的时间和路径,可为政府管理者科学决策提供依据和借鉴,为安徽省"十四五"规划目标的实现提供有力支撑。

1.3 研究内容

本研究的目标主要有如下三个方面:① 对安徽省碳达峰的时间、峰值进行预测;② 制定安徽省碳达峰的具体路径;③ 提出制定相关保障政策的建议。围绕研究目标,本书的主要研究内容包括以下五部分。

(1) 安徽省能源经济发展现状数据收集与分析

系统收集整理安徽省碳排放相关的经济社会及能源消费基础数据,为后续碳排放相关研究奠定数据收集与分析基础。

收集和分析的数据包括安徽省概况、经济社会发展特征、能源消费总量、能源消费结构、能源消费强度等相关数据特征,为开展研究提供经济、社会、能源消费等有关区域发展特征的背景信息。

(2) 安徽省碳排放测算及其时空演变特征分析

基于安徽省能源消费情况,利用生态环境部提出的碳排放计算方法,对安徽省的碳排放进行直接排放量、间接排放量的测算,为后续研究提供碳排放量数据序列基础。同时,在测算碳排放量的基础上,分析安徽省碳排放的时空演变特征,为后续研究奠定现状分析基础。

(3) 安徽省碳达峰时间、峰值、路径预测研究

采用多种方法,对安徽省碳达峰问题进行对比分析研究,相互印证,保证研究结果的科学性。

① 采用 EKC 理论进行研究。以 EKC 理论为指导,构建安徽省碳达峰的回归方程,对安徽省碳达峰的时间、峰值、达峰路径进行初步的探索。

② 采用 STIRPAT 模型进行研究。以 Kaya 模型为基础,构建安徽省碳达峰的 STIRPAT 模型,结合情景分析方法,构建安徽省未来经济、社会、技术、人口等不同发展情景,依据不同情景数据,构建预测方程,对安徽省不同情景下的碳达峰时间、峰值、路径进行研究,探索安徽省 2030 年达峰的可能性。

③ 采用 LEAP 模型进行研究。LEAP 模型主要从不同部门终端用能的角度,对安徽省能源消费进行预测,进而预测安徽省碳达峰的时间、峰值、路径。

(4) 安徽省科技创新效率评价研究

科技是第一生产力,创新是第一动力。因此,为了助力安徽省碳达峰早日实现,必须重视科技的力量。为了发现安徽省科技创新在投入、产出、效率等方面存在的问题,采用对比分析和数据包络分析的方法,对安徽省科技创新效率问题

进行了系统的研究,为安徽省提高科技管理水平提供依据和借鉴。

(5)安徽省碳达峰的驱动政策研究

在系统总结安徽省碳达峰时间、峰值、路径研究的基础上,进行系统总结分析,制定安徽省碳达峰的保障对策,为安徽省实施"双碳"控制目标提供科学依据和对策借鉴,为安徽省低碳经济战略的实施提供保障。

1.4 研究方法

依据研究内容,确定本书的技术路线图,具体如图 1-1 所示。

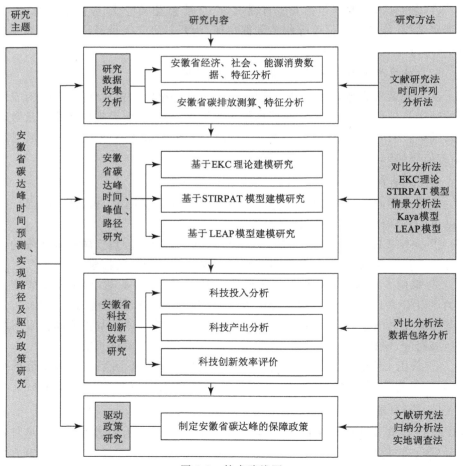

图 1-1 技术路线图

由技术路线图可知,本研究采用的研究方法主要有文献研究法、时间序列分析法、对比分析法、情景分析法、实地调查法、计量模型法、归纳分析法等多种方法。

（1）文献研究法

文献研究法是进行科学研究的基础方法。本研究使用文献研究方法,主要表现在:① 理论基础研究。主要通过文献梳理,熟悉相关理论、方法,为研究奠定了理论基础。② 研究数据的收集。研究过程中查阅了《安徽统计年鉴》《中国能源统计年鉴》《安徽省能源平衡表》《中国应对气候变化的政策与行动》《安徽省国民经济和社会发展第十四个五年规划和2035年远景目标纲要》《安徽省碳达峰实施方案》《安徽省电力发展"十四五"规划》等资料。

（2）时间序列分析法

时间序列分析法,主要用于展示某个事物随着时间的变化所具有的特征。本书第三章在数据收集的基础上,对影响安徽省碳排放的人口、地区生产总值（GDP）、人均GDP、城镇化、能源消费、碳排放量等指标进行了初步的时间序列分析,用以展示安徽省经济、社会、能源消费、碳排放的相关特征,为后续研究奠定现状分析基础。

（3）对比分析法

对安徽省碳达峰的时间、峰值、路径等问题进行研究,主要采用了EKC理论、SITRPAT模型、LEAP模型等三种方法进行对比研究。通过三种预测方法的结果对比,让研究结果相互印证,确保研究工作的科学性。

（4）情景分析法

对安徽省碳达峰进行STIRPAT、LEAP模型分析时,都需要对未来安徽省经济社会发展对能源消费的需求进行预测,这些能源需求预测包括未来经济社会高速、基准、低速等多种发展情景。这些不同的情景,就会导致安徽省未来对能源需求的不同。

情景分析法是进行安徽省碳达峰预测研究时需要使用的研究方法,为确定安徽省碳达峰的时间、典型路径和峰值,提供了假定情景,也为碳达峰路径的选择提供了基础。

（5）实地调查法

对安徽省清洁低碳能源的发展现状、未来发展目标进行实地调研,为安徽省未来能源消费构成预测提供依据。为了了解安徽省整体的发展潜力,我们对安徽省各地进行调研,掌握最新的数据资料,为研究带来了便利。

（6）计量模型法

本研究在进行安徽省碳达峰预测研究过程中，多次采用计量经济模型进行定量分析。如 STIRPAT 模型、LEAP 模型等，都属于计量经济学模型范畴，预测模型的参数检验、方程显著性检验等都需要应用计量经济学理论做基础。

科技创新是安徽省发展低碳经济的基础，因此，安徽省要想早日实现碳达峰，就必须依靠科技创新，以提高能源利用效率、降低能源强度。在对安徽省科技创新效率进行评价时，我们采用数据包络分析法中的 DEA-BCC-O 模型，分析了安徽省科技创新存在的问题，为制定安徽省科技创新对策提供了依据。

（7）归纳分析法

在系统归纳研究结论的基础上，确定碳达峰的主要影响因素，针对影响因素的作用原理，进而提出相应的驱动政策，这些都需要采用归纳分析法进行。

第2章　低碳经济学理论基础

2.1　气候变化挑战与应对

2.1.1　气候变化原理

（1）气候变暖引发国际关注

全球气候变暖已经引起了国际社会的高度关注。1988年世界气象组织和联合国环境规划署联合成立联合国政府间气候变化专门委员会（IPCC），专门为决策人提供对气候变化及其影响和潜在威胁的科学评估，并提供适应或减缓气候变迁影响的相关建议。IPCC每5～7年发布一次评估报告，这些报告已成为国际社会认识和了解气候变化问题的主要科学依据。

IPCC（2007）第四次评估报告指出：自19世纪以来，全球平均地面温度上升了0.74 ℃，亚洲平均气温上升得最快，近年来甚至超过了1 ℃；气候变暖90%的可能是人类活动造成的。自第二次工业革命以来，人类现代化的生产、生活方式，造成了大量的温室气体排放，尤其是二氧化碳排放量急剧增加，在大气层形成了温室效应，造成了全球气候变暖。

（2）温室效应

人类大量使用化石燃料（如煤、石油等），排放的大量二氧化碳等多种温室气体，融入地球周围的大气层中。由于温室气体对来自太阳辐射的可见光具有高度的透过性，而对地球反射出来的长波辐射具有高度的吸收性，从而产生大气变暖的效应，最终导致地球表面变得更暖。这点类似于农民种植用的塑料大棚的保暖功能。

这种大气中的以二氧化碳为代表的温室气体浓度增加,就会阻止地球热量的散失,使地球发生可感觉到的气温升高,这就是有名的"温室效应"。温室效应就是全球气候变暖的主要原因。

(3) 温室气体

温室气体(Greenhouse Gas,GHG)是指任何会吸收和释放红外线辐射并存在大气中的气体。地球的大气中重要的温室气体包括二氧化碳(CO_2)、臭氧(O_3)、氧化亚氮(N_2O)、甲烷(CH_4)、氢氟氯碳化物类(CFCs,HFCs,HCFCs)、全氟碳化物(PFCs)及六氟化硫(SF_6)等。

由于水蒸气及臭氧的时空分布变化较大,且水蒸气具有气候湿润度调节作用,因此在进行减量措施规划时,一般都不将这两种气体纳入考虑范围。1997年,在日本京都召开的联合国气候变化纲要公约第三次缔约国大会通过的《京都议定书》,规定控制的 6 种温室气体为二氧化碳(CO_2)、甲烷(CH_4)、氧化亚氮(N_2O)、氢氟碳化合物(HFCs)、全氟碳化合物(PFCs)、六氟化硫(SF_6)。其中,后三类气体造成温室效应的能力最强,但对全球升温的贡献百分比来说,二氧化碳由于含量较多,所占的比例也最大,约为 25%。

(4) 主要温室气体来源

① 二氧化碳的来源

二氧化碳是地球大气中最主要的温室气体,它主要来源于两个方面:一是经济社会发展导致的化石能源消耗。人类进入工业化社会以后,大量开采使用地下矿物能源——煤炭、石油和天然气。这些化石燃料中都含有碳元素,化石能源的使用会带来二氧化碳气体的大量排放。二是原始森林树木被大量砍伐,当作燃料焚烧。砍伐树木则把原本大气中二氧化碳的吸收"库",破坏性地变成了大气中二氧化碳的排放"源"。据世界粮农组织估计,每年约有 12 亿 m^3 的树木被砍伐焚烧,这些树木燃烧产生大量的二氧化碳,每年可使大气中二氧化碳浓度至少升高 $0.4×10^{-6}$。

② 甲烷气体的来源

甲烷(CH_4)是继二氧化碳之后的第二大温室气体,虽然排放量小于二氧化碳,但其升温潜能是二氧化碳的 25 倍左右,因此也应引起气候变化管理者的重视。

甲烷气体的来源主要有三个方面。一是来自古代,几百万年前就存在于煤层、海底、天然气矿藏和融化了的永久冻土下面,随着人类的开采活动才被释放出来的。二是来自动物。如人和草食动物肠道中的食物发酵会释放甲烷。三是来自腐败的物体。如沼泽湿洼地、淹水稻田(全球范围水稻种植面积的不断扩大,森林被砍伐后枝叶的腐败过程,生活垃圾腐败产生等多种途径)。

无论哪种来源,甲烷气体都是由细菌在缺氧条件下进行有机物分解而产生的,若是在有氧条件下则会产生二氧化碳气体。

③ 氧化亚氮的来源

氧化亚氮(N_2O)是一种重要的温室气体,其升温潜能强度远超二氧化碳(CO_2),对全球变暖有显著影响,被纳入《京都议定书》管控的 6 种温室气体之一。

氧化亚氮有 2 个主要来源。一是自然来源。传统观点认为微生物主导氧化亚氮的自然生成,最新研究发现,阳光通过光化学作用也可在水体中生成 N_2O。二是人为来源。氧化亚氮主要来自农业和工业活动,如农业生产过量施用氮肥会促进土壤微生物活动,显著增加氧化亚氮排放,城市富营养化水体及工业流程(如化工生产)也会释放氧化亚氮气体。

④ 氟化气体的来源

氟化气体(F-gases)是一类人工合成的强效温室气体,主要包括氢氟碳化物(HFCs)、全氟化碳(PFCs)、六氟化硫(SF_6)和三氟化氮(NF_3)等。

氟化气体的排放源,主要有 3 个方面。一是工业过程,如 HFCs 和 PFCs 来自制冷设备生产、半导体制造;SF_6 主要来自电力行业。二是农业与废弃物处理,如部分 HFCs 是 HCFC-22(制冷剂)生产的副产物。三是城市排放,汽车空调和商业制冷系统泄漏是 HFC-134a 的主要来源。

2.1.2 气候变化带来的问题

气候变化主要是指全球气候变暖,主要由温室效应不断积累,导致地气系统吸收与发射的能量不平衡,从而引起温度上升。这种现象对地球的自然环境和人类社会产生了广泛而深远的影响。

(1)海平面上升

气候变暖导致极地冰盖和冰川融化,例如,美国蒙大拿州的国家冰川公园由于表面温度上升已经失去了不少壮丽美景,冰川在本世纪已严重削减。冰川融化增加了暴发洪水的可能性,进而引起海平面上升。科学家预测,如果格陵兰岛和南极的冰架继续融化,到 2100 年,海平面将比现在高出 6 m,将淹没许多低洼地区和沿海城市,这将迫使人们离开家园,成为气候难民。

(2)干旱加剧

随着气候变暖,干旱情况可能至少增加 66%,这将导致供水量萎缩,农作物质量和产量下降,威胁全球粮食生产和供给。研究发现,气候变暖导致小麦和玉米减产,分别为每 10 年平均减产 1.9％和 1.2％。

（3）极端天气事件增加

气候变暖导致极端天气事件频发,如飓风、热浪、暴风雨、水灾发生的频率和强度都会增加。2003 年,欧洲的致命热浪导致约 3.5 万人死亡,而未来 40 年内,类似热浪的发生频率可能增加 100 倍。极端天气事件常常带来巨大的经济损失,例如,2005 年破纪录的飓风在路易斯安那州停留数月,造成的经济损失约占当地总收入的 15％,财产损失至少为 1 350 亿美元。

（4）健康问题

气候变暖导致干旱、农作物减产,会使一部分人出现营养不良、抗病力下降,天气过热会导致一部分人死亡;同时,气候变暖导致病菌繁衍活跃,一些传染病暴发,如痢疾、登革热和西尼罗河病毒的传播范围扩大,同时也增加了哮喘和其他过敏症状的发生率。

（5）冲突与战争

气候变暖使海平面升高,导致部分国家国土受损,海洋酸化导致海洋生物的死亡加剧,资源的减少和环境压力可能导致社会不稳定和冲突。例如,苏丹达尔富尔地区的冲突部分源于气候变暖导致的自然资源减少。

（6）生态系统变得脆弱

2006 年,英国政府发表了引起国际社会普遍关注的《斯特恩报告》,该报告由世界银行前首席经济师、英国经济学家尼古拉斯·斯特恩主持完成。该报告显示,气温每升高 2 ℃,将会有 14％～40％的物种面临灭绝。

当然,气候变暖也有好的一面:① 冻土解冻导致人类耕作带向极地延伸;② 冻土带下化石能源和矿物的开采成为可能;③ 更适合植物的生长;④ 容易出现新的物种;⑤ 人类可以开辟新的航线;等等。

2.1.3　气候变化的应对策略

气候变暖是一个严重的环境问题,人类为了有效防治全球气候变暖,需要采取一系列综合措施。

（1）减少温室气体的排放

① 减少化石能源的使用。化石燃料的燃烧是温室气体的主要来源之一,因此,减少煤炭、石油和天然气等化石燃料的使用,是防治全球气候变暖的关键。这可以通过提高能源利用效率、发展清洁能源技术、推广节能产品和服务等方式实现。

② 大力发展清洁能源。清洁能源如太阳能、风能、水能、地热能等，具有低碳、环保、可持续等优点。大力发展清洁能源，逐步替代化石燃料，是减少温室气体排放的有效途径。

③ 优化产业结构。促进产业向低碳、绿色方向转型，鼓励发展低能耗、高附加值的新兴产业（如信息技术产业、高端制造业、现代服务业等），对高耗能、高排放产业进行技术改造和升级，提升产业整体的低碳发展水平。

（2）增加碳汇

碳汇（Carbon Sink）一般是指从空气中清除二氧化碳的过程、活动、机制，主要是通过植树造林、植被恢复、森林保护等措施，吸收大气中的二氧化碳，从而减少温室气体在大气中的浓度，减缓全球气候变暖的进度。生态碳汇在传统森林碳汇的基础上，增加了草原、湿地、海洋等多个生态系统对碳吸收的作用。

研究数据表明，我国的碳汇能力逐步提升，通过大力培育和保护人工林，2010—2016 年我国陆地生态系统年均吸收约 11.1 亿 t 碳，吸收了同时期人为碳排放量的 45%，可见林业碳汇在实现碳中和愿景中扮演着重要角色，碳汇项目将助力我国实现碳中和目标。

（3）提高公众环保意识

通过媒体、教育等渠道，加强对全球气候变暖的宣传和教育，提高公众的环保意识和参与度。提倡低碳生活，鼓励公众采用低碳方式生活，如步行、骑自行车、使用公共交通等，以减少碳排放。

（4）加强国际合作

一是树立构建人类命运共同体的意识，共同行动起来。二是签订国际协议。各国应共同签订应对气候变暖的国际协议，明确减排目标和责任，加强国际合作和交流。三是技术交流和转让，加强国际技术交流和转让，共同研发和推广先进的清洁能源技术和环保节能技术，提高全球应对气候变暖的能力。

2.2　低碳经济的内涵与特征

2.2.1　低碳经济的内涵

（1）低碳经济的出现

低碳经济最早见于政府文件是在 2003 年的英国能源白皮书《我们能源的未来：创建低碳经济》中。英国作为第一次工业革命的先驱和资源并不丰富的岛国,充分意识到了能源安全和气候变化的威胁,首次提出了低碳经济的概念。

（2）低碳经济的概念

低碳经济是指在可持续发展理念指导下,通过技术创新、制度创新、产业转型、新能源开发等多种手段,尽可能地减少煤炭、石油等高碳能源消耗,减少温室气体排放,达到经济社会发展与生态环境保护双赢的一种经济发展形态。

2.2.2 低碳经济的特征

低碳经济具有如下 4 个特征。

（1）经济性

低碳经济是指经济发展的同时,降低能耗和减少污染物排放,即经济发展中要实现"三低"（低能耗、低排放、低污染）,经济发展的投入产出比提高,与传统经济发展模式相比具有更高的经济价值。

（2）发展性

发展性是指低碳排放的同时,经济和居民生活得到更好的发展。一是经济得到发展,但经济增长与能源消费、二氧化碳排放脱钩;二是居民的生活水平提高,人们的生活质量不受发展低碳经济的影响。

（3）技术性

技术是发展低碳经济的直接手段。如工业减排需要设备更新,提高能源利用效率,必须依靠技术进步;发展新能源,需要技术进步做支撑;发展碳捕集、利用与封存（CCUS）也需要技术支撑;等等。

（4）目标性

发展低碳经济的目的是节约化石能源,将大气中温室气体的浓度保持在一个相对稳定的水平上,不至于带来全球气温上升而影响人类的生存和发展,维护生态环境的可持续发展。

2.2.3 我国发展低碳经济的意义

（1）应对全球气候变暖的挑战

以化石能源燃烧为基础的工业文明,大大增加了大气中二氧化碳的浓度,导致全球气候变暖。全球气候变暖带来的生态系统退化、自然灾害频发以及由此产生的粮食问题、水资源问题、卫生问题、能源问题等,已经全方位地影响到了人类的生存和发展。中国也深受其害,我国水利部 2021 年 3 月统计显示,当年全国耕地受旱面积 111 万亩,47 万名村民因旱发生饮水困难,旱情主要集中在云

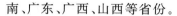

南、广东、广西、山西等省份。

20 世纪 80 年代以来,全球气候变暖逐渐开始引起世界关注;控制温室气体的排放,应对全球气候变暖,被公认为是当今世界影响人类生存发展的首要问题。

（2）应对能源危机

煤炭、石油、天然气等化石能源利用是现代工业文明建立并发展到今天的基础,但是化石能源的储量是有限的,总有枯竭的一天。

中国是一个以"富煤、贫油、少气"为能源特征的国家。2025 年 2 月,中国矿业大学(北京)科学技术研究院院长赵毅鑫在接受《中国能源报》记者采访时表示:"目前我国煤炭可采储量 1 431.97 亿 t,按照 2024 年我国原煤产量 47.8 亿 t 计算,我国煤炭的储采比约为 30 年,即按照 2024 年的开采产量,我国的煤炭探明可采储量仅可以维持 30 年的开采时间。"

2022 年,我国能源对外依存度为 19.97%,煤炭对外依存度为 6.46%,原油对外依存度为 71.49%,天然气对外依存度为 38.51%,且各种能源的对外依存度呈缓慢增长趋势。2005—2022 年我国能源对外依存度情况具体如表 2-1、图 2-1 所示。

由此可见,我国能源安全形势不容乐观,发展清洁低碳安全高效的能源体系是我国应对能源危机、走可持续发展道路的必然选择。

表 2-1　2005—2022 年我国能源对外依存度情况　　　　单位:%

年份	能源	煤炭	原油	天然气
2005	5.96	−1.87	42.26	−5.81
2006	7.19	−0.93	44.86	−2.13
2007	8.05	−0.05	47.21	1.82
2008	8.52	−0.06	49.00	1.22
2009	11.63	3.37	52.48	4.75
2010	13.55	4.70	54.31	11.32
2011	14.72	5.34	55.88	21.45
2012	15.25	6.78	56.93	26.11
2013	15.69	7.53	57.49	29.13
2014	16.29	6.90	59.39	30.42
2015	15.64	4.97	61.31	30.32
2016	17.73	6.35	65.95	34.14

表2-1(续)

年份	能源	煤炭	原油	天然气
2017	19.17	6.72	69.21	38.15
2018	20.65	6.97	71.21	43.15
2019	21.52	7.31	72.67	42.42
2020	22.47	7.42	73.73	40.27
2021	21.24	7.46	72.32	42.87
2022	19.97	6.46	71.49	38.51

数据来源:由附表1-1~附表1-4数据提炼。

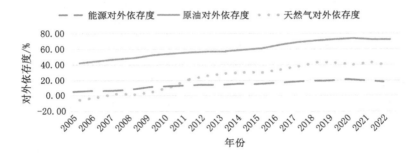

图2-1　我国能源对外依存度情况

(注:考虑图中曲线辨识度,煤炭对外依存度较低,因此未在图中显示)

(3)低碳经济背景下的国际贸易新秩序对中国经济的发展形成威胁

低碳经济的概念最早由英国提出,得到了美、日、欧盟等发达资本主义国家和地区的广泛支持和响应。低碳经济是发达国家提出的重塑经济竞争力和引领地位的经济模式,通过制定新的标准和国际规则,建立起经济竞争优势和世界经济发展的主导权,拉大与发展中国家的差距。

我国已成为世界最大的能源消费国,碳排放总量居世界第一。2020年我国能源消耗总量近50亿吨标准煤,央行原行长周小川指出,2020年中国碳排放量近100亿 t,占全世界碳排放总量的30%,比美欧日三大经济体排放的总和还多,大约是美国的2倍、欧盟的3倍。

面对日益严重的全球气候变暖问题,如果中国政府仍然坚持原来的经济发展模式,发达国家势必以关税调整等策略,对来自中国的产品实施报复性关税或减少进口等贸易壁垒。中国要想融入国际社会,就必须发展低碳经济。

2.3　碳达峰与碳中和

2.3.1　相关概念

（1）碳达峰

碳达峰是指一个国家某一年的碳排放总量达到历史最高值,并且在这一最高值出现后,碳排放量呈稳定下降的趋势。是否达峰当年难以判断,必须事后确认。一般来说,实现碳达峰后至少 5 年内没有出现相比碳峰值年更多的碳排放量才能确认为碳达峰。

碳达峰中的"碳"也有不同的解释。有的仅指化石燃料燃烧产生的二氧化碳,如我国在《巴黎协定》下提出的碳排放达峰目标,就是仅指化石燃料燃烧产生的二氧化碳;有的国家则是指将多种温室气体折算为二氧化碳当量的碳排放达峰值。

（2）碳中和

碳中和是指人为活动释放到大气中的二氧化碳排放量与通过植树造林、CCUS 等人为吸收的二氧化碳达到平衡,实现了二氧化碳净零排放的控制目标,让大气中的二氧化碳浓度保持不变,不对气候产生任何影响的水平。碳中和的范围可以设定为全球、国家、城市、企业、活动等不同层面。

实现碳中和并不容易,人类活动几乎无处不"碳"。例如,手机在生命周期内的碳排放:组成手机的金属、塑料、玻璃等原料在生产时,会消耗化石能源;手机组装需要消耗电能;手机运输需要消耗汽油（化石能源）;手机使用需要消耗电能;手机报废处理需要消耗电能。生产一部手机排放的二氧化碳可达 80 kg,比成年人的平均体重还高。

（3）碳汇

碳汇是指通过植树造林、森林管理、植被恢复等措施,利用植物光合作用吸收大气中的二氧化碳,并将其固定在植被和土壤中,从而减少温室气体在大气中浓度的过程、活动或机制。

碳汇可以分为绿色碳汇和蓝色碳汇两种类型。

陆地绿色植物通过光合作用固定二氧化碳的过程,被称为绿色碳汇,简称"绿碳"。森林、河湖湿地、草原、农田等都属于"绿碳"范畴。森林碳汇是指森林中的植物吸收大气中的二氧化碳并将其固定在植被或土壤中,从而减少该气体在大气中的浓度。有关资料表明,森林面积虽然只占陆地总面积的1/3,但森林植被区的碳储量几乎占到了陆地碳库总量的一半。二氧化碳是植物生长的重要营养物质,植物把吸收的二氧化碳在光能作用下转变为糖、氧气和有机物,为生物界提供枝叶、茎根、果实、种子,提供最基本的物质和能量来源。这一转化过程,就形成了森林的固碳效果。森林是二氧化碳的吸收器、贮存库和缓冲器。反之,森林一旦遭到破坏,则变成了二氧化碳的排放源。

蓝色碳汇主要是指利用海洋活动及海洋生物吸收大气中的二氧化碳,并将其固定、储存在海洋中的过程,简称为"蓝碳"。红树林、海草床和滨海盐沼组成了三大滨海蓝碳生态系统。据统计,滨海湿地吸收二氧化碳的速率是陆地生态系统的 10～100 倍。

(4)碳源

碳源是指产生二氧化碳之源,它既来自自然界,也来自人类生产和生活过程。

碳源与碳汇是两个相对的概念,即碳源是指自然界中向大气释放碳的母体,碳汇是指自然界中碳的寄存体,减少碳源一般通过二氧化碳减排来实现,增加碳汇则主要采用固碳技术。

(5)碳捕集、利用与封存(CCUS)

CCUS(Carbon Capture，Utilization and Storage,碳捕集、利用与封存),是指将二氧化碳从工业排放源、能源利用过程或大气中分离出来,通过运输、资源化利用或地质封存等技术手段实现减排的过程。

2.3.2　意义

(1)碳达峰的意义

讨论碳达峰的意义,主要是为了判断一个国家未来碳排放的趋势,以及探寻经济社会低碳排放发展的实现路径。

碳达峰对发达国家意义更大。因为发达国家已经经历过经济增长过程,并实现了较高水平的财富积累和社会福利;低发展水平和低收入水平的国家人均碳排放量本来就低,未来经济社会发展中能源消耗会增加,即使现在实现了碳达峰,也很容易在未来发展中突破。因此,一些低收入水平国家讨论碳达峰意义不大,即便名义上达峰,随着经济社会发展,现在的达峰值很可能只是一个阶段性的峰值。

(2)碳中和的意义

通过二氧化碳净零排放的控制目标,让大气中的二氧化碳浓度保持不变,不对气候产生任何影响的水平,顺利实现《巴黎协定》中"把全球平均气温较工业化前水平升高控制在 2 ℃之内,并为把升温控制在 1.5 ℃之内努力"的远景目标,维护生态的可持续发展。

2.4 我国碳达峰行动方案

2.4.1 规划目标

根据《中共中央 国务院关于完整准确全面贯彻新发展理念做好碳达峰碳中和工作的意见》,我国碳达峰碳中和工作的具体规划目标如下。

① 到 2025 年,绿色低碳循环发展的经济体系初步形成,重点行业能源利用效率大幅提升。单位国内生产总值能耗比 2020 年下降 13.5%;单位国内生产总值二氧化碳排放比 2020 年下降 18%;非化石能源消费比重达到 20% 左右;森林覆盖率达到 24.1%,森林蓄积量达到 180 亿 m^3,为实现碳达峰碳中和奠定坚实基础。

② 到 2030 年,经济社会发展全面绿色转型取得显著成效,重点耗能行业能源利用效率达到国际先进水平。单位国内生产总值能耗大幅下降;单位国内生产总值二氧化碳排放比 2005 年下降 65% 以上;非化石能源消费比重达到 25% 左右,风电、太阳能发电总装机容量达到 12 亿 kW 以上;森林覆盖率达到 25% 左右,森林蓄积量达到 190 亿 m^3,二氧化碳排放量达到峰值并实现稳中有降。

③ 到 2060 年,绿色低碳循环发展的经济体系和清洁低碳安全高效的能源体系全面建立,能源利用效率达到国际先进水平,非化石能源消费比重达到 80% 以上,碳中和目标顺利实现,生态文明建设取得丰硕成果,开创人与自然和谐共生新境界。

2.4.2 我国碳达峰十大行动

为了履行国际承诺,树立中国良好形象,我国将碳达峰贯穿于经济社会发展全过程和各方面,重点实施能源绿色低碳转型行动、节能降碳增效行动、工业领域碳达峰行动、城乡建设碳达峰行动、交通运输绿色低碳行动、循环经济助力降碳行动、绿色低碳科技创新行动、碳汇能力巩固提升行动、绿色低碳全民行动、各地区梯次有序碳达峰行动等"碳达峰十大行动"。

(1) 能源绿色低碳转型行动

能源是经济社会发展的重要物质基础,也是碳排放的最主要来源。要坚持安全降碳,在保障能源安全的前提下,大力实施可再生能源替代,加快构建清洁低碳安全高效的能源体系。

① 推进煤炭消费替代和转型升级

加快煤炭减量步伐,"十四五"时期严格合理控制煤炭消费增长,"十五五"时期逐步减少。严格控制新增煤电项目,新建机组煤耗标准达到国际先进水平,有序淘汰煤电落后产能,加快现役机组节能升级和灵活性改造,积极推进供热改造,推动煤电向基础保障性和系统调节性电源并重转型。严控跨区外送可再生能源电力配套煤电规模,新建通道可再生能源电量比例原则上不低于50%。推动重点用煤行业减煤限煤。大力推动煤炭清洁利用,合理划定禁止散烧区域,多措并举,积极有序推进散煤替代,逐步减少直至禁止煤炭散烧。

② 大力发展新能源

全面推进风电、太阳能发电大规模开发和高质量发展,坚持集中式与分布式并举,加快建设风电和光伏发电基地。加快智能光伏产业创新升级和特色应用,创新"光伏+"模式,推进光伏发电多元布局。坚持陆海并重,推动风电协调快速发展,完善海上风电产业链,鼓励建设海上风电基地。积极发展太阳能光热发电,推动建立光热发电与光伏发电、风电互补调节的风光热综合可再生能源发电基地。因地制宜发展生物质发电、生物质能清洁供暖和生物天然气。探索深化地热能以及波浪能、潮流能、温差能等海洋新能源开发利用。进一步完善可再生能源电力消纳保障机制。到2030年,风电、太阳能发电总装机容量达到12亿kW以上。

③ 因地制宜开发水电

积极推进水电基地建设,推动金沙江上游、澜沧江上游、雅砻江中游、黄河上游等已纳入规划、符合生态保护要求的水电项目开工建设,推进雅鲁藏布江下游水电开发,推动小水电绿色发展。推动西南地区水电与风电、太阳能发电协同互补。统筹水电开发和生态保护,探索建立水能资源开发生态保护补偿机制。"十四五""十五五"期间分别新增水电装机容量4000万kW左右,西南地区以水电为主的可再生能源体系基本建立。

④ 积极安全有序发展核电

合理确定核电站布局和开发时序,在确保安全的前提下有序发展核电,保持平稳建设节奏。积极推动高温气冷堆、快堆、模块化小型堆、海上浮动堆等先进堆型示范工程,开展核能综合利用示范。加大核电标准化、自主化力度,加快关键技术装备攻关,培育高端核电装备制造产业集群。实行最严格的安全标准和最严格的监管,持续提升核安全监管能力。

⑤ 合理调控油气消费

保持石油消费处于合理区间,逐步调整汽油消费规模,大力推进先进生物液体燃料、可持续航空燃料等替代传统燃油,提升终端燃油产品能效。加快推进页岩气、煤层气、致密油(气)等非常规油气资源规模化开发。有序引导天然气消费,优化利用结构,优先保障民生用气,大力推动天然气与多种能源融合发展,因地制宜建设天然气调峰电站,合理引导工业用气和化工原料用气。支持车船使用液化天然气作为燃料。

⑥ 加快建设新型电力系统

构建新能源占比逐渐提高的新型电力系统,推动清洁电力资源大范围优化配置。大力提升电力系统综合调节能力,加快灵活调节电源建设,引导自备电厂、传统高载能工业负荷、工商业可中断负荷、电动汽车充电网络、虚拟电厂等参与系统调节,建设坚强智能电网,提升电网安全保障水平。积极发展"新能源＋储能"、源网荷储一体化和多能互补,支持分布式新能源合理配置储能系统。制定新一轮抽水蓄能电站中长期发展规划,完善促进抽水蓄能发展的政策机制。加快新型储能示范推广应用。深化电力体制改革,加快构建全国统一电力市场体系。到 2025 年,新型储能装机容量达到 3 000 万 kW 以上。到 2030 年,抽水蓄能电站装机容量达到 1.2 亿 kW 左右,省级电网基本具备 5% 以上的尖峰负荷响应能力。

(2)节能降碳增效行动

落实节约优先方针,完善能源消费强度和总量双控制度,严格控制能耗强度,合理控制能源消费总量,推动能源消费革命,建设能源节约型社会。

① 全面提升节能管理能力

推行用能预算管理,强化固定资产投资项目节能审查,对项目用能和碳排放情况进行综合评价,从源头推进节能降碳。提高节能管理信息化水平,完善重点用能单位能耗在线监测系统,建立全国性、行业性节能技术推广服务平台,推动高耗能企业建立能源管理中心。完善能源计量体系,鼓励采用认证手段提升节能管理水平。加强节能监察能力建设,健全省、市、县三级节能监察体系,建立跨部门联动机制,综合运用行政处罚、信用监管、绿色电价等手段,增强节能监察约束力。

② 实施节能降碳重点工程

实施城市节能降碳工程,开展建筑、交通、照明、供热等基础设施节能升级改造,推进先进绿色建筑技术示范应用,推动城市综合能效提升。实施园区节能降碳工程,以高耗能高排放项目(以下称"两高"项目)集聚度高的园区为重点,推动能源系统优化和梯级利用,打造一批达到国际先进水平的节能低碳园区。实施重点行业节能降碳工程,推动电力、钢铁、有色金属、建材、石化化工等行业开展节能降碳改造,提升能源资源利用效率。实施重大节能降碳技术示范工程,支持已取得突破的绿色低碳关键技术开展产业化示范应用。

③ 推进重点用能设备节能增效

以电机、风机、泵、压缩机、变压器、换热器、工业锅炉等设备为重点,全面提升能效标准。建立以能效为导向的激励约束机制,推广先进高效产品设备,加快淘汰落后低效设备。加强重点用能设备节能审查和日常监管,强化生产、经营、销售、使用、报废全链条管理,严厉打击违法违规行为,确保能效标准和节能要求全面落实。

④ 加强新型基础设施节能降碳

优化新型基础设施空间布局,统筹谋划、科学配置数据中心等新型基础设施,避免低水平重复建设。优化新型基础设施用能结构,采用直流供电、分布式储能、"光伏+储能"等模式,探索多样化能源供应,提高非化石能源消费比重。对标国际先进水平,加快完善通信、运算、存储、传输等设备能效标准,提升准入门槛,淘汰落后设备和技术。加强新型基础设施用能管理,将年综合能耗超过1万吨标准煤的数据中心全部纳入重点用能单位能耗在线监测系统,开展能源计量审查。推动既有设施绿色升级改造,积极推广使用高效制冷、先进通风、余热利用、智能化用能控制等技术,提高设施能效水平。

(3)工业领域碳达峰行动

工业是产生碳排放的主要领域之一,对全国整体实现碳达峰具有重要影响。工业领域要加快绿色低碳转型和高质量发展,力争率先实现碳达峰。

① 推动工业领域绿色低碳发展

优化产业结构,加快退出落后产能,大力发展战略性新兴产业,加快传统产业绿色低碳改造。促进工业能源消费低碳化,推动化石能源清洁高效利用,提高可再生能源应用比重,加强电力需求侧管理,提升工业电气化水平。深入实施绿色制造工程,大力推行绿色设计,完善绿色制造体系,建设绿色工厂和绿色工业园区。推进工业领域数字化智能化绿色化融合发展,加强重点行业和领域技术改造。

② 推动钢铁行业碳达峰

深化钢铁行业供给侧结构性改革,严格执行产能置换,严禁新增产能,推进存量优化,淘汰落后产能。推进钢铁企业跨地区、跨所有制兼并重组,提高行业集中度。优化生产力布局,以京津冀及周边地区为重点,继续压减钢铁产能。促进钢铁行业结构优化和清洁能源替代,大力推进非高炉炼铁技术示范,提升废钢资源回收利用水平,推行全废钢电炉工艺。推广先进适用技术,深挖节能降碳潜力,鼓励钢化联产,探索开展氢冶金、二氧化碳捕集利用一体化等试点示范,推动

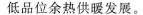

低品位余热供暖发展。

③ 推动有色金属行业碳达峰

巩固化解电解铝过剩产能成果，严格执行产能置换，严控新增产能。推进清洁能源替代，提高水电、风电、太阳能发电等应用比重。加快再生有色金属产业发展，完善废弃有色金属资源回收、分选和加工网络，提高再生有色金属产量。加快推广应用先进适用绿色低碳技术，提升有色金属生产过程余热回收水平，推动单位产品能耗持续下降。

④ 推动建材行业碳达峰

加强产能置换监管，加快低效产能退出，严禁新增水泥熟料、平板玻璃产能，引导建材行业向轻型化、集约化、制品化转型。推动水泥错峰生产常态化，合理缩短水泥熟料装置运转时间。因地制宜利用风能、太阳能等可再生能源，逐步提高电力、天然气应用比重。鼓励建材企业使用粉煤灰、工业废渣、尾矿渣等作为原料或水泥混合材。加快推进绿色建材产品认证和应用推广，加强新型胶凝材料、低碳混凝土、木竹建材等低碳建材产品研发应用。推广节能技术设备，开展能源管理体系建设，实现节能增效。

⑤ 推动石化化工行业碳达峰

优化产能规模和布局，加大落后产能淘汰力度，有效化解结构性过剩矛盾。严格项目准入，合理安排建设时序，严控新增炼油和传统煤化工生产能力，稳妥有序发展现代煤化工。引导企业转变用能方式，鼓励以电力、天然气等替代煤炭。调整原料结构，控制新增原料用煤，拓展富氢原料进口来源，推动石化化工原料轻质化。优化产品结构，促进石化化工与煤炭开采、冶金、建材、化纤等产业协同发展，加强炼厂干气、液化气等副产气体高效利用。鼓励企业节能升级改造，推动能量梯级利用、物料循环利用。到 2025 年，国内原油一次加工能力控制在 10 亿 t 以内，主要产品产能利用率提升至 80% 以上。

⑥ 坚决遏制"两高"项目盲目发展

采取强有力措施，对"两高"项目实行清单管理、分类处置、动态监控。全面排查在建项目，对能效水平低于本行业能耗限额准入值的，按有关规定停工整改，推动能效水平应提尽提，力争全面达到国内乃至国际先进水平。科学评估拟建项目，对产能已饱和的行业，按照"减量替代"原则压减产能；对产能尚未饱和的行业，按照国家布局和审批备案等要求，对标国际先进水平提高准入门槛；对能耗量较大的新兴产业，支持引导企业应用绿色低碳技术，提高能效水平。深入挖潜存量项目，加快淘汰落后产能，通过改造升级挖掘节能减排潜力。强化常态化监管，坚决拿下不符合要求的"两高"项目。

（4）城乡建设碳达峰行动

加快推进城乡建设绿色低碳发展，城市更新和乡村振兴都要落实绿色低碳要求。

① 推进城乡建设绿色低碳转型

推动城市组团式发展，科学确定建设规模，控制新增建设用地过快增长。倡导绿色低碳规划设计理念，增强城乡气候韧性，建设海绵城市。推广绿色低碳建材和绿色建造方式，加快推进新型建筑工业化，大力发展装配式建筑，推广钢结构住宅，推动建材循环利用，强化绿色设计和绿色施工管理。加强县城绿色低碳建设。推动建立以绿色低碳为导向的城乡规划建设管理机制，制定建筑拆除管理办法，杜绝大拆大建。建设绿色城镇、绿色社区。

② 加快提升建筑能效水平

加快更新建筑节能、市政基础设施等标准，提高节能降碳要求。加强适用于不同气候区、不同建筑类型的节能低碳技术研发和推广，推动超低能耗建筑、低碳建筑规模化发展。加快推进居住建筑和公共建筑节能改造，持续推动老旧供热管网等市政基础设施节能降碳改造。提升城镇建筑和基础设施运行管理智能化水平，加快推广供热计量收费和合同能源管理，逐步开展公共建筑能耗限额管理。到2025年，城镇新建建筑全面执行绿色建筑标准。

③ 加快优化建筑用能结构

深化可再生能源建筑应用，推广光伏发电与建筑一体化应用。积极推动严寒、寒冷地区清洁取暖，推进热电联产集中供暖，加快工业余热供暖规模化应用，积极稳妥开展核能供热示范，因地制宜推行热泵、生物质能、地热能、太阳能等清洁低碳供暖。引导夏热冬冷地区科学取暖，因地制宜采用清洁高效取暖方式。提高建筑终端电气化水平，建设集光伏发电、储能、直流配电、柔性用电于一体的"光储直柔"建筑。到2025年，城镇建筑可再生能源替代率达到8％，新建公共机构建筑、新建厂房屋顶光伏覆盖率力争达到50％。

④ 推进农村建设和用能低碳转型

推进绿色农房建设，加快农房节能改造。持续推进农村地区清洁取暖，因地制宜选择适宜取暖方式。发展节能低碳农业大棚。推广节能环保灶具、电动农用车辆、节能环保农机和渔船。加快生物质能、太阳能等可再生能源在农业生产和农村生活中的应用。加强农村电网建设，提升农村用能电气化水平。

（5）交通运输绿色低碳行动

加快形成绿色低碳运输方式，确保交通运输领域碳排放增长保持在合理区间。

① 推动运输工具装备低碳转型

积极扩大电力、氢能、天然气、先进生物液体燃料等新能源、清洁能源在交通运输领域应用。大力推广新能源汽车,逐步降低传统燃油汽车在新车产销和汽车保有量中的占比,推动城市公共服务车辆电动化替代,推广电力、氢燃料、液化天然气动力重型货运车辆。提升铁路系统电气化水平。加快老旧船舶更新改造,发展电动、液化天然气动力船舶,深入推进船舶靠港使用岸电,因地制宜开展沿海、内河绿色智能船舶示范应用。提升机场运行电动化智能化水平,发展新能源航空器。

到 2030 年,当年新增新能源、清洁能源动力的交通工具比例达到 40% 左右,营运交通工具单位换算周转量碳排放强度比 2020 年下降 9.5% 左右,国家铁路单位换算周转量综合能耗比 2020 年下降 10%。陆路交通运输石油消费力争 2030 年前达到峰值。

② 构建绿色高效交通运输体系

发展智能交通,推动不同运输方式合理分工、有效衔接,降低空载率和不合理客货运周转量。大力发展以铁路、水路为骨干的多式联运,推进工矿企业、港口、物流园区等铁路专用线建设,加快内河高等级航道网建设,加快大宗货物和中长距离货物运输"公转铁""公转水"。加快先进适用技术应用,提升民航运行管理效率,引导航空企业加强智慧运行,实现系统化节能降碳。加快城乡物流配送体系建设,创新绿色低碳、集约高效的配送模式。打造高效衔接、快捷舒适的公共交通服务体系,积极引导公众选择绿色低碳交通方式。

"十四五"期间,集装箱铁水联运量年均增长 15% 以上。到 2030 年,城区常住人口 100 万以上的城市绿色出行比例不低于 70%。

③ 加快绿色交通基础设施建设

将绿色低碳理念贯穿于交通基础设施规划、建设、运营和维护全过程,降低全生命周期能耗和碳排放。开展交通基础设施绿色化提升改造,统筹利用综合运输通道线位、土地、空域等资源,加大岸线、锚地等资源整合力度,提高利用效率。有序推进充电桩、配套电网、加注(气)站、加氢站等基础设施建设,提升城市公共交通基础设施水平。到 2030 年,民用运输机场场内车辆装备等力争全面实现电动化。

(6) 循环经济助力降碳行动

抓住资源利用这个源头,大力发展循环经济,全面提高资源利用效率,充分发挥减少资源消耗和降碳的协同作用。

① 推进产业园区循环化发展

以提升资源产出率和循环利用率为目标,优化园区空间布局,开展园区循环化改造。推动园区企业循环式生产、产业循环式组合,组织企业实施清洁生产改造,促进废物综合利用、能量梯级利用、水资源循环利用,推进工业余压余热、废气废液废渣资源化利用,积极推广集中供气供热。搭建基础设施和公共服务共享平台,加强园区物质流管理。到2030年,省级以上重点产业园区全部实施循环化改造。

② 加强大宗固废综合利用

提高矿产资源综合开发利用水平和综合利用率,以煤矸石、粉煤灰、尾矿、共伴生矿、冶炼渣、工业副产石膏、建筑垃圾、农作物秸秆等大宗固废为重点,支持大掺量、规模化、高值化利用,鼓励应用于替代原生非金属矿、砂石等资源。在确保安全环保前提下,探索将磷石膏应用于土壤改良、井下充填、路基修筑等。推动建筑垃圾资源化利用,推广废弃路面材料原地再生利用。加快推进秸秆高值化利用,完善收储运体系,严格禁烧管控。加快大宗固废综合利用示范建设。到2025年,大宗固废年利用量达到40亿t左右;到2030年,年利用量达到45亿t左右。

③ 健全资源循环利用体系

完善废旧物资回收网络,推行"互联网+"回收模式,实现再生资源应收尽收。加强再生资源综合利用行业规范管理,促进产业集聚发展。高水平建设现代化"城市矿产"基地,推动再生资源规范化、规模化、清洁化利用。推进退役动力电池、光伏组件、风电机组叶片等新兴产业废物循环利用。促进汽车零部件、工程机械、文办设备等再制造产业高质量发展。加强资源再生产品和再制造产品推广应用。

到2025年,废钢铁、废铜、废铝、废铅、废锌、废纸、废塑料、废橡胶、废玻璃等9种主要再生资源循环利用量达到4.5亿t,到2030年达到5.1亿t。

④ 大力推进生活垃圾减量化资源化

扎实推进生活垃圾分类,加快建立覆盖全社会的生活垃圾收运处置体系,全面实现分类投放、分类收集、分类运输、分类处理。加强塑料污染全链条治理,整治过度包装,推动生活垃圾源头减量。推进生活垃圾焚烧处理,降低填埋比例,探索适合我国厨余垃圾特性的资源化利用技术。推进污水资源化利用。

到2025年,城市生活垃圾分类体系基本健全,生活垃圾资源化利用比例提升至60%左右。到2030年,城市生活垃圾分类实现全覆盖,生活垃圾资源化利用比例提升至65%。

(7)绿色低碳科技创新行动

发挥科技创新的支撑引领作用,完善科技创新体制机制,强化创新能力,加快绿色低碳科技革命。

① 完善创新体制机制

制定科技支撑碳达峰碳中和行动方案,在国家重点研发计划中设立碳达峰碳中和关键技术研究与示范等重点专项,采取"揭榜挂帅"机制,开展低碳零碳负碳关键核心技术攻关。将绿色低碳技术创新成果纳入高等学校、科研单位、国有企业有关绩效考核。强化企业创新主体地位,支持企业承担国家绿色低碳重大科技项目,鼓励设施、数据等资源开放共享。推进国家绿色技术交易中心建设,加快创新成果转化。加强绿色低碳技术和产品知识产权保护。完善绿色低碳技术和产品检测、评估、认证体系。

② 加强创新能力建设和人才培养

组建碳达峰碳中和相关国家实验室、国家重点实验室和国家技术创新中心,适度超前布局国家重大科技基础设施,引导企业、高等学校、科研单位共建一批国家绿色低碳产业创新中心。创新人才培养模式,鼓励高等学校加快新能源、储能、氢能、碳减排、碳汇、碳排放权交易等学科建设和人才培养,建设一批绿色低碳领域未来技术学院、现代产业学院和示范性能源学院。深化产教融合,鼓励校企联合开展产学合作协同育人项目,组建碳达峰碳中和产教融合发展联盟,建设一批国家储能技术产教融合创新平台。

③ 强化应用基础研究

实施一批具有前瞻性、战略性的国家重大前沿科技项目,推动低碳零碳负碳技术装备研发取得突破性进展。聚焦化石能源绿色智能开发和清洁低碳利用、可再生能源大规模利用、新型电力系统、节能、氢能、储能、动力电池、CCUS 等重点,深化应用基础研究。积极研发先进核电技术,加强可控核聚变等前沿颠覆性技术研究。

④ 加快先进适用技术研发和推广应用

集中力量开展复杂大电网安全稳定运行和控制、大容量风电、高效光伏、大功率液化天然气发动机、大容量储能、低成本可再生能源制氢、低成本 CCUS 等技术创新,加快碳纤维、气凝胶、特种钢材等基础材料研发,补齐关键零部件、元器件、软件等短板。推广先进成熟绿色低碳技术,开展示范应用。建设全流程、集成化、规模化 CCUS 示范项目。推进熔盐储能供热和发电示范应用。加快氢能技术研发和示范应用,探索在工业、交通运输、建筑等领域规模化应用。

(8) 碳汇能力巩固提升行动

坚持系统观念,推进山水林田湖草沙一体化保护和修复,提高生态系统质量和稳定性,提升生态系统碳汇增量。

① 巩固生态系统固碳作用

结合国土空间规划编制和实施,构建有利于碳达峰碳中和的国土空间开发保护格局。严守生态保护红线,严控生态空间占用,建立以国家公园为主体的自然保护地体系,稳定现有森林、草原、湿地、海洋、土壤、冻土、岩溶等固碳作用。严格执行土地使用标准,加强节约集约用地评价,推广节地技术和节地模式。

② 提升生态系统碳汇能力

实施生态保护修复重大工程。深入推进大规模国土绿化行动,巩固退耕还林还草成果,扩大林草资源总量。强化森林资源保护,实施森林质量精准提升工程,提高森林质量和稳定性。加强草原生态保护修复,提高草原综合植被盖度。加强河湖、湿地保护修复。整体推进海洋生态系统保护和修复,提升红树林、海草床、盐沼等固碳能力。加强退化土地修复治理,开展荒漠化、石漠化、水土流失综合治理,实施历史遗留矿山生态修复工程。到 2030 年,全国森林覆盖率达到 25% 左右,森林蓄积量达到 190 亿 m³。

③ 加强生态系统碳汇基础支撑

依托和拓展自然资源调查监测体系,利用好国家林草生态综合监测评价成果,建立生态系统碳汇监测核算体系,开展森林、草原、湿地、海洋、土壤、冻土、岩溶等碳汇本底调查、碳储量评估、潜力分析,实施生态保护修复碳汇成效监测评估。加强陆地和海洋生态系统碳汇基础理论、基础方法、前沿颠覆性技术研究。建立健全能够体现碳汇价值的生态保护补偿机制,研究制定碳汇项目参与全国碳排放权交易相关规则。

④ 推进农业农村减排固碳

大力发展绿色低碳循环农业,推进农光互补、光伏＋设施农业、海上风电＋海洋牧场等低碳农业模式。研发应用增汇型农业技术。开展耕地质量提升行动,实施国家黑土地保护工程,提升土壤有机碳储量。合理控制化肥、农药、地膜使用量,实施化肥农药减量替代计划,加强农作物秸秆综合利用和畜禽粪污资源化利用。

(9) 绿色低碳全民行动

增强全民节约意识、环保意识、生态意识,倡导简约适度、绿色低碳、文明健康的生活方式,把绿色理念转化为全体人民的自觉行动。

① 加强生态文明宣传教育

将生态文明教育纳入国民教育体系,开展多种形式的资源环境国情教育,普及碳达峰碳中和基础知识。加强对公众的生态文明科普教育,将绿色低碳理念有机融入文艺作品,制作文创产品和公益广告,持续开展世界地球日、世界环境日、全国节能宣传周、全国低碳日等主题宣传活动,增强社会公众绿色低碳意识,推动生态文明理念更加深入人心。

② 推广绿色低碳生活方式

坚决遏制奢侈浪费和不合理消费,着力破除奢靡铺张的歪风陋习,坚决制止餐饮浪费行为。在全社会倡导节约用能,开展绿色低碳社会行动示范创建,深入推进绿色生活创建行动,评选宣传一批优秀示范典型,营造绿色低碳生活新风尚。大力发展绿色消费,推广绿色低碳产品,完善绿色产品认证与标识制度。提升绿色产品在政府采购中的比例。

③ 引导企业履行社会责任

引导企业主动适应绿色低碳发展要求,强化环境责任意识,加强能源资源节约,提升绿色创新水平。重点领域国有企业特别是中央企业要制定实施企业碳达峰行动方案,发挥示范引领作用。重点用能单位要梳理核算自身碳排放情况,深入研究碳减排路径,"一企一策"制定专项工作方案,推进节能降碳。相关上市公司和发债企业要按照环境信息依法披露要求,定期公布企业碳排放信息。充分发挥行业协会等社会团体作用,督促企业自觉履行社会责任。

④ 强化领导干部培训

将学习贯彻习近平生态文明思想作为干部教育培训的重要内容,各级党校(行政学院)要把碳达峰碳中和相关内容列入教学计划,分阶段、多层次对各级领导干部开展培训,普及科学知识,宣讲政策要点,强化法治意识,深化各级领导干部对碳达峰碳中和工作重要性、紧迫性、科学性、系统性的认识。从事绿色低碳发展相关工作的领导干部要尽快提升专业素养和业务能力,切实增强推动绿色低碳发展的本领。

(10)各地区梯次有序碳达峰行动

各地区要准确把握自身发展定位,结合本地区经济社会发展实际和资源环境禀赋,坚持分类施策、因地制宜、上下联动,梯次有序推进碳达峰。

① 科学合理确定有序达峰目标

碳排放已经基本稳定的地区要巩固减排成果,在率先实现碳达峰的基础上进一步降低碳排放。产业结构较轻、能源结构较优的地区要坚持绿色低碳发展,坚决不走依靠"两高"项目拉动经济增长的老路,力争率先实现碳达峰。产业结构偏重、能源结构偏煤的地区和资源型地区要把节能降碳摆在突出位置,大力优化调整产业结构和能源结构,逐步实现碳排放增长与经济增长脱钩,力争与全国同步实现碳达峰。

② 因地制宜推进绿色低碳发展

各地区要结合区域重大战略、区域协调发展战略和主体功能区战略,从实际出发推进本地区绿色低碳发展。京津冀、长三角、粤港澳大湾区等区域要发挥高质量发展动力源和增长极作用,率先推动经济社会发展全面绿色转型。长江经济带、黄河流域和国家生态文明试验区要严格落实生态优先、绿色发展战略导向,在绿色低碳发展方面走在全国前列。中西部和东北地区要着力优化能源结构,按照产业政策和能耗双控要求,有序推动高耗能行业向清洁能源优势地区集中,积极培育绿色发展动能。

③ 上下联动制定地方达峰方案

各省、自治区、直辖市人民政府要按照国家总体部署,结合本地区资源环境禀赋、产业布局、发展阶段等,坚持全国一盘棋,不抢跑,科学制定本地区碳达峰行动方案,提出符合实际、切实可行的碳达峰时间表、路线图、施工图,避免"一刀切"限电限产或运动式"减碳"。各地区碳达峰行动方案经碳达峰碳中和工作领导小组综合平衡、审核通过后,由地方自行印发实施。

④ 组织开展碳达峰试点建设

加大中央对地方推进碳达峰的支持力度,选择100个具有典型代表性的城市和园区开展碳达峰试点建设,在政策、资金、技术等方面对试点城市和园区给予支持,加快实现绿色低碳转型,为全国提供可操作、可复制、可推广的经验做法。

2.4.3　国际合作

(1) 深度参与全球气候治理

大力宣传习近平生态文明思想,分享中国生态文明、绿色发展理念与实践经验,为建设清洁美丽世界贡献中国智慧、中国方案、中国力量,共同构建人与自然生命共同体。主动参与全球绿色治理体系建设,坚持共同但有区别的责任原则、公平原则和各自能力原则,坚持多边主义,维护以联合国为核心的国际体系,推动各方全面履行《联合国气候变化框架公约》《巴黎协定》。积极参与国际航运、航空减排谈判。

(2) 开展绿色经贸、技术与金融合作

优化贸易结构,大力发展高质量、高技术、高附加值绿色产品贸易。加强绿色标准国际合作,推动落实合格评定合作和互认机制,做好绿色贸易规则与进出口政策的衔接。加强节能环保产品和服务进出口。加大绿色技术合作力度,推动开展可再生能源、储能、氢能、CCUS等领域科研合作和技术交流,积极参与国际热核聚变实验堆计划等国际大科学工程。深化绿色金融国际合作,积极参与碳定价机制和绿色金融标准体系国际宏观协调,与有关各方共同推动绿色低碳转型。

(3) 推进绿色"一带一路"建设

秉持共商共建共享原则,弘扬开放、绿色、廉洁理念,加强与共建"一带一路"国家的绿色基建、绿色能源、绿色金融等领域合作,提高境外项目环境可持续性,打造绿色、包容的"一带一路"能源合作伙伴关系,扩大新能源技术和产品出口。发挥"一带一路"绿色发展国际联盟等合作平台作用,推动实施《"一带一路"绿色投资原则》,推进"一带一路"应对气候变化南南合作计划和"一带一路"科技创新行动计划。

2.4.4 政策保障

(1)建立统一规范的碳排放统计核算体系

加强碳排放统计核算能力建设,深化核算方法研究,加快建立统一规范的碳排放统计核算体系。支持行业、企业依据自身特点开展碳排放核算方法学研究,建立健全碳排放计量体系。推进碳排放实测技术发展,加快遥感测量、大数据、云计算等新兴技术在碳排放实测技术领域的应用,提高统计核算水平。积极参与国际碳排放核算方法研究,推动建立更为公平合理的碳排放核算方法体系。

(2)健全法律法规标准

构建有利于绿色低碳发展的法律体系,推动能源法、节约能源法、电力法、煤炭法、可再生能源法、循环经济促进法、清洁生产促进法等制定修订。加快节能标准更新,修订一批能耗限额、产品设备能效强制性国家标准和工程建设标准,提高节能降碳要求。健全可再生能源标准体系,加快相关领域标准制定修订。建立健全氢制、储、输、用标准。完善工业绿色低碳标准体系。建立重点企业碳排放核算、报告、核查等标准,探索建立重点产品全生命周期碳足迹标准。积极参与国际能效、低碳等标准制定修订,加强国际标准协调。

(3)完善经济政策

各级人民政府要加大对碳达峰碳中和工作的支持力度。建立健全有利于绿色低碳发展的税收政策体系,落实和完善节能节水、资源综合利用等税收优惠政策,更好发挥税收对市场主体绿色低碳发展的促进作用。完善绿色电价政策,健全居民阶梯电价制度和分时电价政策,探索建立分时电价动态调整机制。完善绿色金融评价机制,建立健全绿色金融标准体系。大力发展绿色贷款、绿色股权、绿色债券、绿色保险、绿色基金等金融工具,设立碳减排支持工具,引导金融机构为绿色低碳项目提供长期限、低成本资金,鼓励开发性政策性金融机构按照市场化法治化原则为碳达峰行动提供长期稳定融资支持。拓展绿色债券市场的深度和广度,支持符合条件的绿色企业上市融资、挂牌融资和再融资。研究设立国家低碳转型基金,支持传统产业和资源富集地区绿色转型。鼓励社会资本以市场化方式设立绿色低碳产业投资基金。

（4）建立健全市场化机制

发挥全国碳排放权交易市场作用,进一步完善配套制度,逐步扩大交易行业范围。建设全国用能权交易市场,完善用能权有偿使用和交易制度,做好与能耗双控制度的衔接。统筹推进碳排放权、用能权、电力交易等市场建设,加强市场机制间的衔接与协调,将碳排放权、用能权交易纳入公共资源交易平台。积极推行合同能源管理,推广节能咨询、诊断、设计、融资、改造、托管等"一站式"综合服务模式。

2.5　碳市场

2.5.1　碳交易的渊源

1997 年 12 月,149 个国家和地区的代表在日本召开《联合国气候变化框架公约》缔约方第三次会议,会议通过了旨在限制发达国家温室气体排放量以抑制全球气候变暖的《京都议定书》。《京都议定书》的主要内容如下。

（1）规定了具体的减排任务

到 2010 年,所有发达国家排放的二氧化碳等 6 种温室气体的数量,要比 1990 年减少 5.2%,发展中国家没有减排义务。比如欧盟,在 1990 年的排放量是 50 亿 t,到 2008 年,其要减少的量是 2.6 亿 t(50 亿 t×5.2%)温室气体。

各发达国家从 2008 年到 2012 年必须完成的削减目标:与 1990 年相比,欧盟削减 8%、美国削减 7%、日本削减 6%、加拿大削减 6%、东欧各国削减 5%～8%,新西兰、俄罗斯和乌克兰则不必削减,可将排放量稳定在 1990 年水平上。议定书同时允许爱尔兰、澳大利亚和挪威的排放量分别比 1990 年增加 10%、8% 和 1%。

（2）制定 3 种履约机制

《京都议定书》规定了 3 种履约机制。

① 清洁发展机制

清洁发展机制是指发达国家通过提供资金和技术的方式,与发展中国家开展项目级的合作,通过项目所实现的"经核证的减排量",用于发达国家缔约方完成在协议书第三条下的承诺。

例如,中国做了一个风电项目(水电项目、太阳能项目等),按照传统的方式,发电需要的燃料是煤、油、天然气,在这种情况下,要排放温室气体到大气中。这种发电利用传统能源,我们知道自己减排了多少,然后就可以通过一系列的手续

卖到发达国家去,帮助它们完成 5.2%的减排履约目标。

②　联合履行机制

联合履行机制是指发达国家之间通过项目级的合作所实现的减排单位,可以转让给另一发达国家缔约方,但是同时必须在转让方的分配数量配额上扣减相应的额度。例如,欧盟通过发展清洁能源、可再生能源、植树造林等项目的减排量来抵消它们的一些碳排放量,这是一个抵消机制。

③　国际贸易机制

国际贸易机制是指一个发达国家将其超额完成减排义务的指标,以贸易的方式转让给另外一个未能完成减排义务的发达国家,并同时从转让方的允许排放限额上扣减相应的转让额度。欧美国家之间可以进行碳排放配额的买卖。

排放量可以买卖,应该说是世界范围内提升环境质量的一大创举。因为对于发达国家而言,温室气体的减排成本在每吨碳 100 美元以上,而在中国等大多数发展中国家开展清洁发展机制活动,减排成本可降至每吨碳 20 美元。这种巨大的减排成本差异,促使发达国家积极进入发展中国家寻找合作项目,为碳交易开辟了绿色通道。这也是业内把既减排又赚钱的清洁发展机制称为发展中国家企业"免费午餐"的原因。

2.5.2　碳交易原理

(1)　什么是碳交易

碳交易基本原理:合同的一方通过交易从另一方那里获得温室气体减排额,买方可以将购得的减排额用于减缓温室效应从而实现其减排的目标。在 6 种被要求减排的温室气体中,二氧化碳为最大宗,所以这种交易以每吨二氧化碳当量为计算单位,通称为"碳交易",其交易市场称为碳市场(Carbon Market)。

碳交易的目的是调动企业节能减排的积极性,减少生产过程中二氧化碳的排放,帮助国家经济向低碳经济转型,控制和减少全球温室气体排放总量。

(2)　碳交易的理论依据

碳交易的理论依据是经济学中的"庇古税"和"科斯定理"。

①　庇古税

英国经济学家庇古认为,应根据污染所造成的危害程度对排污者征税,用税收来弥补排污者生产的私人成本和社会成本之间的差距,使两者相等。庇古税属于直接环境税,它按照污染物的排放量或经济活动的危害来确定纳税的义务,所以是一种从量税。庇古税的单位税额应该根据一项经济活动的边际社会成本等于边际收益的均衡点来确定,这时对污染排放的税率就处于最佳水平。

② 科斯定理

科斯定理是由诺贝尔经济学奖得主罗纳德·科斯(Ronald Coase)提出的经济学理论。其核心观点为：在交易成本为零或足够低的情况下，只要产权明确，无论初始产权如何分配，当事人通过自愿谈判总能达成帕累托最优的资源配置。例如，工厂污染居民区时，若居民拥有清洁权，工厂须支付赔偿或安装防尘设备；若工厂拥有排污权，居民可集资购买设备，最终结果都是社会成本最小化。

（3）碳市场交易原理

碳市场交易原理具体如图 2-2 所示。

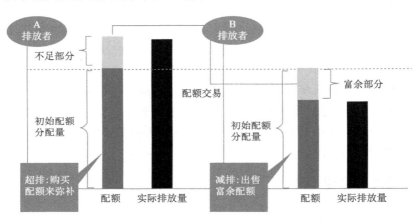

图 2-2　碳市场交易原理

设有 A、B 两个企业向大气中排放二氧化碳，政府给他们的配额都是 100 个单位。A 企业当年排放了 120 个单位的二氧化碳，实际排放量大于配额，那么其配额的差值 20 个单位的排放量需要到碳市场上去购买。

B 企业实施技术改造，用能效率提高，当年实际排放了 80 个单位的二氧化碳，实际排放量小于配额，就产生了 20 个单位的配额剩余。B 企业可以把多余的 20 个单位的碳配额拿到碳市场上卖出，获得收益。

在碳市场的交易机制下，B 企业把多余的配额卖给了 A 企业，这样 A、B 两家企业都完成了排放配额的规定，不至于被罚款。如果市场上存在 n 家碳配额卖方企业，m 家购买企业，这样碳市场上就形成了比较好的交易，大家都能完成减排任务。如果碳交易价格比较高，许多企业就会自主参与一些减排项目，比如技术更新改造、提高生产效率、植树造林补偿等。

（4）碳市场的作用

碳市场的作用主要表现在如下 4 个方面。

① 削减碳峰值日益逼近的压力

根据国家发改委的测算，"十四五"时期碳排放交易量有望在"十三五"时期的基础上增加 3～4 倍，到碳达峰的 2030 年累计交易额可超过 1 000 亿元。碳成交量不断放大的背后，是更多企业参与到碳交易与碳排放控制中来，从而有效削减与提前释放碳峰值日益逼近的压力，并最终为实现碳中和目标留出充足的时间。首个履约周期将涉及 2 225 家发电行业的重点排放单位，"十四五"期间，钢铁、水泥、电解铝、化工等其他重点行业都将被纳入其中。

② 提高碳交易的运行效率

在建成全国统一的碳市场后，不仅各地的碳排放权可以跨区域流动与配置，供给方与需求方的选择空间增大，而且标的数量增多，成交率与市场活跃度随之也会大大提升。同时，因政策区域差异所导致的碳交易价格失真可得到根本扭转，企业从碳成本高的地区转移到碳成本低的地区的漏洞也会被封堵，最终倒逼其进入规范的碳市场交易轨道。

③ 发挥价格机制的决定性作用

一方面，大规模的碳配额进入碳市场交易，买卖双方以竞价方式展开博弈。卖方希望以最高价获得碳排放权的收益，买方企图以最低价购进碳排放权的配额，真实的碳价格由此形成。

对于企业而言，当减排成本低于碳市场交易价格时，往往会选择减排；而当减排成本高于碳市场交易价格时，一般企业会选择在碳市场上购买配额。可以看出，碳市场对企业参与、增加和完成减排产生了清晰的引导作用，这种力量的壮大无疑构成了碳中和最深厚的基础。

④ 加快中国经济结构的低碳转型步伐

碳交易通过"污染者付费"原理将碳排放的负外部性内部化，同时也使那些出售碳排放权的企业获得了外部性收益，在此基础上增强技术研发，加快设备升级改造，迭代出更强大的清洁能源以及碳排放权生产力。这种激励机制无疑将引导更多企业加入低碳产业的投资，从而提升整个社会的非化石能源使用占比，加快能源结构与产业结构的转型升级。

2.5.3　碳配额

（1）碳配额

类似可知，碳配额就是政府发放给碳排放企业、授权企业排放二氧化碳的额度（政府信用）；企业必须持有相等或多过排放量的配额数量。例如，一个工厂烧煤发电，一年产生了 1 000 万 t 二氧化碳，它必须履约，假如 2017 年是生产年，假设 2018 年 6 月份要求履约，必须上交 1 000 万 t 的排放配额给政府，来冲抵掉

2017 年的碳排放量,如果配额不够,就需要从碳市场上购买补充,这会倒逼企业技术改造,减少排放。因此,碳配额是国家控制碳排放总量的一种手段。

由碳配额的内涵可以知道,碳配额属于商品的一种。它没有储存和运输费用,没有储存量的限制,企业可以先排放后购买,即可以先生产,到了履约的时候可以再购买配额。

(2)配额确定方法

企业配额分配主要采用基准线法、历史强度下降法和历史排放法。

① 基准线法

基准线法就是以行业先进值为标杆,设定排放基准,结合企业产量,确定碳配额的方法。电力行业燃煤燃气发电机组(含热电联产机组),水泥行业的熟料生产和粉磨,钢铁行业的炼焦、石灰烧制、球团、烧结、炼铁、炼钢工序,普通造纸和纸制品生产企业,全面服务航空企业,均使用基准线法分配配额。先按上一年度产量计算及发放预配额,再根据经核查核定的当年的年实际产量计算及发放最终核定配额,并与发放的预配额进行比较,多退少补。

② 历史强度下降法

历史强度下降法,是通过企业历史碳排放强度数据,结合减排目标,设定下降系数并结合企业产量确定碳配额的方法。电力行业使用特殊燃料发电机组(如煤矸石、油页岩、水煤浆、石油焦等燃料)及供热锅炉、水泥行业其他粉磨产品、钢铁行业的自备电厂、特殊造纸和纸制品生产企业、有纸浆制造的企业、其他航空企业,均使用历史强度下降法分配配额。

③ 历史排放法

历史排放法是基于企业历史排放量(通常取 3～5 年的平均值),按一定比例确定碳配额的方法。水泥行业的矿山开采、钢铁行业的钢压延与加工工序、石化行业企业,均使用历史排放法分配配额。企业配额＝历史平均碳排放量×年度下降系数。

2.5.4 碳市场发展现状

由国际碳行动伙伴组织(ICAP)发布的《2024 全球碳市场进展报告》可知,目前国内外碳市场的发展特征具体表现如下。

(1)碳市场概况

截至 2024 年,全球已有 36 个碳市场正在运行,覆盖全球 18％的温室气体排放和 58％的 GDP,近 1/3 的人口生活在有碳市场的地区。

目前,全球碳市场主要集中在欧洲、北美及东亚地区。欧洲、北美等发达地区最早启动了碳市场建设,碳市场发展已相对成熟;东亚地区的中、日、韩三国率先对碳排放权交易机制进行了探索,分别建立了地方特色型碳市场和国家级碳市场;泰国、菲律宾、越南等东南亚国家也在同步考虑引入碳排放权交易制度,筹备碳市场的建设。

（2）欧盟碳市场

欧盟碳市场经过十余年的运行,积累了较为丰富的碳市场建设经验。在覆盖范围方面,欧盟碳市场行业覆盖范围广泛,纳入了发电、钢铁、水泥、玻璃等生产制造业以及商业航空公司等行业,覆盖欧洲约40%的碳排放量。

欧盟碳市场运行相对成熟,以减排目标为导向严格限制碳配额发放数量,碳价格信号强劲,市场交易良好。

（3）北美碳市场

北美碳市场起步较早,其中美国和加拿大碳市场发展较为成熟,可按区域分为两类:一是各国内部碳市场,如美国 RGGI、美国加州碳市场、加拿大魁北克碳市场等;二是应对气候合作项目,如西部气候倡议（WCI）、中西部温室气体减排协定等。

北美碳市场碳配额总量均逐年递减,且严格限制了碳配额发放数量,此外,北美碳市场调节机制灵活多样,能够较好地维持市场供需平衡,因此碳价相对稳定。

（4）东亚碳市场

目前,东亚地区的中、日、韩三国均已建立了碳排放权交易体系。三国就气候变化问题共同创建了中日韩环境部长会议机制,围绕碳定价及未来合作机制展开了多次研讨,以加深气候减排合作。

中国现阶段碳交易试点与全国碳市场并行,并逐步向全国碳市场过渡;由于中国碳市场处于起步适应阶段,碳配额发放较为宽松,碳价相对低迷,市场机制有待进一步完善。我国已经建立了北京、天津、上海、湖北、广东、深圳、重庆 7 个碳市场试点。

日本碳排放权交易体系以地区级碳市场为主,且实现了局部碳市场链接;日本东京都碳市场减排目标明确,碳配额分配方案较为灵活,但市场主体较为单一,市场规模较小,碳价格信号略显低迷。

韩国建立了亚洲首个国家层面的碳市场,现已完成两个阶段的市场交易。韩国碳市场规模逐步扩大,市场机制相对严格,碳配额政策逐步收紧,碳价格能够保持较高水平。

（5）新兴经济体情况

拉丁美洲和亚太地区的新兴经济体积极推动碳市场建设,如巴西、阿根廷、墨西哥、印度、印度尼西亚、泰国、越南和土耳其等。

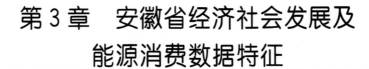

第3章　安徽省经济社会发展及能源消费数据特征

3.1　安徽省概况

依据安徽省统计局公布的相关信息,可以得到安徽省的地理概况、土地类型、行政区划等概况信息如下。

（1）地理概况

安徽省地处长江、淮河中下游,长江三角洲腹地,东连江苏、浙江,西接湖北、河南,南邻江西,北靠山东,东西宽约 450 km,南北长约 570 km。地跨长江、淮河、新安江三大流域,长江、淮河横贯东西,将全省分为淮北平原、江淮丘陵、皖南山区三大自然区域。境内巢湖是全国五大淡水湖之一,面积 800 km²。

（2）土地类型

依据《安徽统计年鉴》(2023)可知,安徽省拥有土地面积140 140 km²,截至2022 年年底,全省拥有各类型土地面积由大到小排列顺序为:山区41 162 km²,丘陵40 448 km²,平原34 608 km²,圩区 12 097 km²,湖泊洼地11 122 km²。

由此可见,安徽省土地类型以山地和丘陵为主,两者面积占安徽省总面积的58.23％。

（3）行政区划

依据《安徽统计年鉴》(2023)可知,截至 2022 年年底,安徽省全区辖合肥、淮南等16 个市、104 个县、287 个街道办事处、1 235 个乡镇。104 个县级区划中,包括县级市 9 个、县 50 个、市辖区 45 个;1 235 个乡镇中,包含镇 1 011 个、乡 224 个。

3.2　经济发展特征

3.2.1　GDP 总量特征

（1）经济总量在长三角处于弱势地位

依据《安徽统计年鉴》(2023)与《中国统计年鉴》相关数据,整理得出安徽省经济总量与全国的 31 个省份(本书数据均不含港澳台)对比情况,具体如表 3-1、图 3-1 所示。

表 3-1　2022 年安徽省经济总量与全国其他省份比较

省份	GDP/亿元	人口数/万人	人均 GDP/元
北京	41 610.9	2 184	190 313
天津	16 311.3	1 363	119 235
河北	42 370.4	7 420	56 995
山西	25 642.6	3 481	73 675
内蒙古	23 158.6	2 401	96 474
辽宁	28 975.1	4 197	68 775
吉林	13 070.2	2 348	55 347
黑龙江	15 901.0	3 099	51 096
上海	44 652.8	2 475	179 907
江苏	122 875.6	8 515	144 390
浙江	77 715.4	6 577	118 496
安徽	45 045.0	6 127	73 603
福建	53 109.9	4 188	126 829
江西	32 074.7	4 528	70 923
山东	87 435.1	10 163	86 003
河南	61 345.1	9 872	62 106
湖北	53 734.9	5 844	92 059
湖南	48 670.4	6 604	73 598

表 3-1(续)

省份	GDP/亿元	人口数/万人	人均 GDP/元
广东	129 118.6	12 657	101 905
广西	26 300.9	5 047	52 164
海南	6 818.2	1 027	66 602
重庆	29 129.0	3 213	90 663
四川	56 749.8	8 374	67 777
贵州	20 164.6	3 856	52 321
云南	28 954.2	4 693	61 716
西藏	2 132.6	364	58 438
陕西	32 772.7	3 956	82 864
甘肃	11 201.6	2 492	44 968
青海	3 610.1	595	60 724
宁夏	5 069.6	728	69 781
新疆	17 741.3	2 587	68 552

由表 3-1 可知：

① 从经济总量上看，2022 年安徽省经济总量为 45 045.0 亿元，占全国 GDP 比重为 3.74%，略高于全国平均水平(38 821.36 亿元)，在 31 个省份中位居第 10 位。

② 与长三角兄弟省份相比，安徽省经济总量仍有较大的差距。2022 年安徽省的 GDP 仅为江苏的 36.67%、浙江的 57.96%，与二者存在较大的差距，具体如图 3-1 所示。

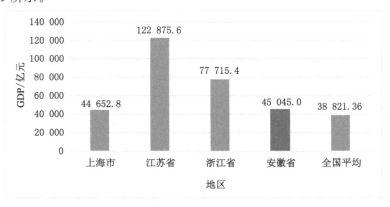

图 3-1 2022 年安徽省 GDP 总量对比图

（2）安徽省经济增长速度变慢至 6.5％ 左右

对《安徽统计年鉴》(2023)和《安徽省 2023 年国民经济和社会发展统计公报》相关数据进行整理,可以获得安徽省经济总量的发展演变趋势,具体如表 3-2 所示。

表 3-2　2005—2023 年安徽省经济总量发展演变趋势

年份	GDP/亿元	GDP 指数(上年＝100)	GDP 折算值/亿元
2005	5 675.85	111.0	7 718.43
2006	6 500.31	112.6	8 690.95
2007	7 941.61	114.1	9 916.37
2008	9 517.68	112.6	11 165.83
2009	10 864.68	113.1	12 628.56
2010	13 249.78	114.3	14 434.44
2011	16 284.92	113.4	16 368.66
2012	18 341.67	111.2	18 201.95
2013	20 584.04	110.3	20 076.75
2014	22 519.65	109.2	21 923.81
2015	23 831.18	108.7	23 831.18
2016	26 307.70	108.8	25 928.32
2017	29 676.22	108.6	28 158.16
2018	34 010.91	108.0	30 410.81
2019	36 845.49	107.3	32 630.80
2020	38 061.51	103.7	33 838.14
2021	42 565.17	108.2	36 612.87
2022	45 045.02	103.5	37 894.32
2023	47 050.60	105.8	40 092.19

由表 3-2 可知,"十二五"期间,安徽省 GDP 年均增长率为 10.8％;"十三五"期间,安徽省 GDP 年均增长率为 7.3％。我国提出新质生产力的发展思路,结合《安徽省国民经济和社会发展第十四个五年规划和 2035 年远景目标纲要》,预计"十四五"期间安徽省 GDP 增长率将降为 6.5％ 左右。

3.2.2 产业结构特征

（1）服务业成为安徽省经济的第一驱动力

依据《安徽统计年鉴》（2023），可以得到安徽省产业结构数据具体如表3-3、图3-2所示。

表 3-3　2005—2023 年安徽省产业结构　　　　单位：%

年份	第一产业	第二产业	第三产业	工业	建筑业
2005	17.0	38.7	44.3	29.3	9.4
2006	15.6	40.8	43.6	31.2	9.6
2007	14.0	42.5	43.5	32.8	9.7
2008	13.8	44.1	42.1	34.0	10.0
2009	12.7	45.3	42.0	34.5	10.8
2010	12.1	48.3	39.6	37.4	10.9
2011	11.5	50.3	38.2	39.5	10.8
2012	11.0	50.4	38.6	39.7	10.7
2013	10.6	49.7	39.7	39.1	10.7
2014	10.2	48.8	41.0	38.2	10.7
2015	10.0	45.5	44.5	35.1	10.5
2016	9.5	43.8	46.7	33.9	10.0
2017	8.7	42.7	48.6	32.8	10.0
2018	7.8	41.4	50.8	31.3	10.2
2019	7.9	40.6	51.5	30.3	10.3
2020	8.4	40.0	51.6	29.5	10.5
2021	7.9	40.5	51.6	30.1	10.5
2022	7.8	41.3	50.9	30.6	10.7
2023	7.4	40.1	52.5	—	—

注：2023 年数据来源于统计公报，工业与建筑业占比无法查证。

由表 3-3、图 3-2 可知，2023 年安徽省三次产业结构为 7.4∶40.1∶52.5，第三产业成为安徽省经济发展的第一驱动力。

（2）安徽省产业结构在缓慢优化

由表 3-3、图 3-2 可知，第一产业呈缓慢下降趋势；第二产业近 10 年来呈缓慢下降趋势，近 5 年维持在 40% 左右；第三产业整体呈缓慢上升趋势，近 5 年来

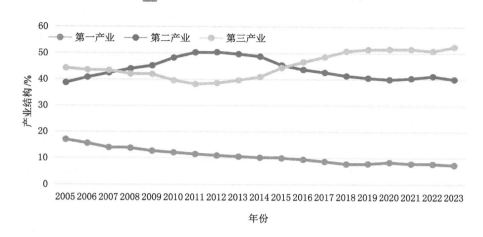

图 3-2 2005—2023 年安徽省产业结构演变图

占比在 50％以上。

（3）第二产业比重过高，给安徽省碳达峰带来了挑战

2023 年安徽省三次产业结构与全国三次产业结构(7.1：38.3：54.6)相比，第二产业比重过高。第二产业过高将带来能源的巨大消耗，为安徽省低碳经济发展带来严峻的挑战。

3.3 社会发展特征

3.3.1 人口发展特征

（1）人口呈下降趋势，减轻了碳达峰的压力

依据《安徽统计年鉴》(2023)，可以得到安徽省人口相关数据，具体如表 3-4 所示。

2023 年年末，全省常住人口 6 121 万人，比 2022 年年末减少 6 万人，人口总量下降，会减轻安徽省碳达峰的压力。

表 3-4 2005—2023 年安徽省人口指标

年份	人口总数/万人	城镇人口比重／%	出生率／‰	死亡率／‰	自然增长率／‰
2005	6 120	35.50	12.43	6.23	6.20

表3-4(续)

年份	人口总数/万人	城镇人口比重/%	出生率/‰	死亡率/‰	自然增长率/‰
2006	6 110	37.10	12.60	6.30	6.30
2007	6 118	38.70	12.75	6.40	6.35
2008	6 135	40.50	13.05	6.60	6.45
2009	6 131	42.10	13.07	6.60	6.47
2010	5 957	43.20	12.70	5.95	6.75
2011	5 968	44.80	12.23	5.91	6.32
2012	5 978	46.30	13.00	6.14	6.86
2013	5 988	47.87	12.88	6.06	6.82
2014	5 997	49.31	12.86	5.89	6.97
2015	6 011	50.97	12.92	5.94	6.98
2016	6 033	52.62	13.02	5.96	7.06
2017	6 057	54.29	14.07	5.90	8.17
2018	6 076	55.65	12.41	5.96	6.45
2019	6 092	57.02	12.03	6.04	5.99
2020	6 105	58.33	9.45	7.96	1.49
2021	6 113	59.39	8.05	8.00	0.05
2022	6 127	60.15	7.16	8.09	−0.93
2023	6 121	61.51			

注:2023年数据来源于《安徽省2023年国民经济和社会发展统计公报》,部分数据无法获取。

(2)人均GDP低于全国平均水平,远低于长三角兄弟省份

依据《安徽统计年鉴》(2023)可以绘制安徽省人均GDP和相关地区的对比情况图,具体如图3-3所示。

由图3-3可知,从人均GDP指标看,2022年安徽省的人均GDP为73 603元,低于全国平均水平(84 461元),仅为全国平均水平的87.14%,排名第14位。

与北京相比,安徽省人均GDP仅为排名第一的北京的38.67%;与长三角兄弟省份相比,安徽省的人均GDP仅为上海的40.91%、江苏的50.98%、浙江的62.11%,安徽省人均GDP仍然存在较大的提升空间。

随着安徽省人民生活水平的提升,用能水平会随之提高,会带来更多的碳排放,给安徽省碳达峰工作带来挑战。

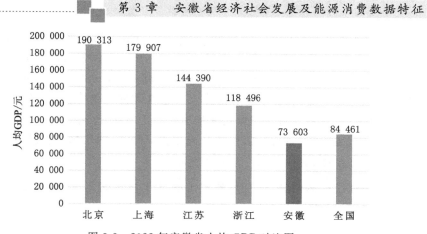

图 3-3　2022 年安徽省人均 GDP 对比图

3.3.2　城镇化发展特征

（1）城镇化水平呈逐年提高趋势

由表 3-4 可知，2023 年安徽省城镇化率（用城镇人口比重衡量）为 61.51％，并呈逐年升高趋势；城镇人口的增多，会导致用能水平的提升，给安徽省碳达峰工作带来新的挑战。

（2）安徽省城镇化水平上升速度呈减弱趋势

依据 2001—2023 年的《安徽统计年鉴》，可以得到安徽省城镇化发展特征方程，具体如图 3-4 所示。

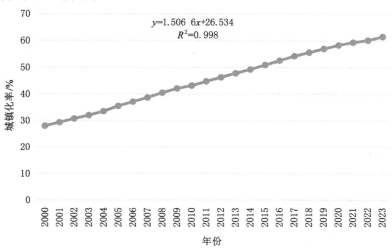

图 3-4　2000—2023 年安徽省城镇化发展趋势图

由图 3-4 可知,2000—2023 年间,每增加 1 年,安徽省城镇化率平均提高 1.506 6 个百分点(见回归方程);近 15 年间(2009—2023 年),每增加 1 年,安徽省城镇化率平均提高 1.436 个百分点;近 10 年间(2014—2023 年),每增加 1 年,安徽省城镇化率平均提高 1.34 个百分点。近 5 年间(2019—2023 年)的回归数据表明,每增加 1 年,安徽省城镇化平均增长 1.2 个百分点。

以上分析表明:安徽省城镇化上升速度在下降,年增长梯度在减弱。

(3)安徽省城镇化水平低,发展后劲大

依据国家统计局网站、长三角各省市统计年鉴数据,可以得到 2022 年安徽省城镇化水平对比图,具体如图 3-5 所示。

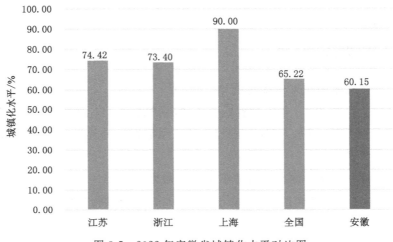

图 3-5　2022 年安徽省城镇化水平对比图

由图 3-5 可知,2022 年安徽省城镇化水平低于全国平均水平,更低于长三角兄弟省份,因此未来安徽省城镇化水平会有所提高,居民用能水平还会提高,这给安徽省碳达峰带来了挑战。

3.4　安徽省能源消费现状分析

3.4.1　能源消费总量特征

(1)安徽省的能源消费总量呈增长趋势

依据《安徽统计年鉴》(2023),可以得到安徽省能源生产与消费总量,具体如

表 3-5、图 3-6 所示。

表 3-5　2005—2022 年安徽省能源生产与消费情况

年份	能源生产总量/万吨标准煤	电力生产量/亿 kW·h	能源消费总量/万吨标准煤	电力消费量/亿 kW·h
2005	6 215.42	648.38	6 505.98	581.65
2006	5 993.75	734.38	7 069.39	662.40
2007	6 742.44	868.04	7 739.33	768.70
2008	8 413.93	1 101.94	8 325.40	858.87
2009	9 288.36	1 328.58	8 895.90	952.30
2010	9 673.79	1 463.31	9 414.00	1 077.92
2011	10 281.42	1 655.07	10 570.23	1 221.19
2012	10 947.05	1 807.84	11 357.95	1 361.10
2013	10 056.33	1 977.73	11 696.39	1 528.07
2014	9 413.25	2 033.92	12 011.02	1 585.18
2015	9 972.64	2 061.89	12 301.23	1 639.79
2016	9 305.72	2 252.69	12 662.89	1 794.98
2017	9 145.34	2 470.25	13 018.71	1 921.48
2018	9 120.27	2 741.22	13 294.71	2 135.07
2019	8 943.62	2 886.67	13 869.73	2 300.68
2020	8 602.02	2 808.97	14 697.90	2 427.50
2021	9 317.48	3 083.39	15 342.63	2 715.63
2022	9 401.07	3 298.77	15 882.66	2 993.22

由表 3-5、图 3-6 可知,安徽省的能源消费总量呈逐年递增趋势。能源消费量由 2005 年的 6 505.98 万吨标准煤,上升为 2022 年的 15 882.66 万吨标准煤。

(2)安徽能源生产与消费缺口持续扩大,对外依存度逐年提升

由表 3-5 可知,安徽省的能源缺口由 2005 年的 290.56 万吨标准煤(6 505.98 − 6 215.42 = 290.56),能源缺口占能源生产总量的 4.67%,逐步扩大到 2022 年的 6 481.59 万吨标准煤(15 882.66 − 9 401.07 = 6 481.59),能源缺口占能源生产总量的 68.95%。能源缺口的扩大,导致安徽省能源的对外依存度高,超过了 50% 的安全临界线。

(3)电力资源富余,皖电东送保障了长三角的经济发展

由表 3-5、图 3-6 可知,2005—2022 年,安徽省的电力生产量和消费量均呈

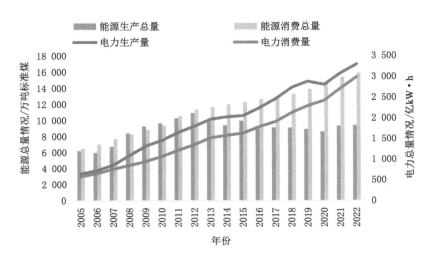

图 3-6　2005—2022 年安徽省能源生产与消费对比图

增长趋势,但电力的消费量低于电力的生产量,富余的电力可以实现皖电东送,在一定程度上保障了长三角兄弟省份的经济发展。

3.4.2　能源消费结构特征

（1）安徽省能源消费存在"一煤独大"现象

依据 2010—2023 年的《安徽统计年鉴》和国家统计局网站数据,可以得到安徽省能源结构演变数据,具体如表 3-6、图 3-7 所示。

表 3-6　2005—2022 年安徽省能源结构对比表　　　　　　单位:%

年份	煤炭		石油		天然气		非化石能源	
	安徽省	全国	安徽省	全国	安徽省	全国	安徽省	全国
2005	88.6	72.4	10.5	17.8	0.2	2.4	0.7	7.4
2010	86.2	69.2	10.3	17.4	1.8	4.0	1.7	9.4
2011	82.2	70.0	11.6	16.8	2.5	4.6	3.7	8.4
2012	80.6	68.5	12.8	17.0	2.9	4.8	3.8	9.7
2013	78.8	67.4	14.2	17.1	3.1	5.3	3.9	10.2
2014	77.9	65.8	15.7	17.3	3.8	5.6	2.6	11.3
2015	77.1	63.8	16.0	18.4	3.8	5.8	3.2	12.0

表3-6(续)

年份	煤炭		石油		天然气		非化石能源	
	安徽省	全国	安徽省	全国	安徽省	全国	安徽省	全国
2016	75.1	62.2	16.4	18.7	4.1	6.1	4.5	13.0
2017	72.5	60.6	17.4	18.9	4.5	6.9	5.7	13.6
2018	70.9	59.0	16.8	18.9	5.3	7.6	7.0	14.5
2019	70.2	57.7	16.6	19.0	5.7	8.0	7.5	15.3
2020	69.8	56.9	15.4	18.8	5.1	8.4	9.7	15.9
2021	67.7	55.9	15.7	18.6	4.8	8.8	11.8	16.7
2022	67.6	56.2	13.9	17.9	6.0	8.4	12.5	17.5

注:2006—2009 年安徽省能源消费结构缺少统计数据。

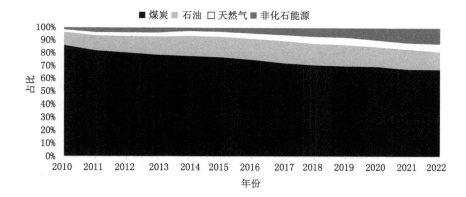

图 3-7　2010—2022 年安徽省能源消费结构变化图

由表 3-6、图 3-7 可知,从煤炭在能源消费结构中的占比看,2005—2022 年期间安徽省的能源消费结构中,煤炭消费占比均高于全国平均水平,2022 年安徽省能源消费结构中,煤炭消费占比为 67.6%,2022 年全国煤炭消费占比为 56.2%。

(2) 化石能源在能源消费中的占比高于全国水平

由图 3-7 可知,从化石能源在能源消费中的占比看,2022 年安徽省化石能源在能源消费结构中的占比为 81.5%,而全国化石能源在能源消费中的占比为 74.1%。安徽省化石能源在能源消费中的占比高于全国平均水平,这给安徽省低碳经济发展带来了更大的挑战。

3.4.3 能源强度特征

（1）安徽省能源强度低于全国平均水平

能源强度指单位 GDP 能耗，即每创造一个单位的社会财富需要消耗的能源数量，它直接反映经济发展对能源的依赖程度，单位 GDP 能耗越大，则说明经济发展对能源的依赖程度越高。同时，能源强度间接反映一个地区的产业结构状况、设备技术装备水平、能源消费构成和利用效率等多方面内容。

依据国家统计局网站和安徽统计局网站，可以获得安徽省和全国平均每万元 GDP 能源消费量对比情况，具体如图 3-8、表 3-7 所示。

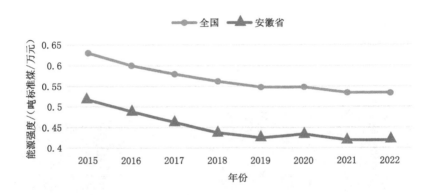

图 3-8　2015—2022 年安徽省与全国能源强度对比

由图 3-8 可知，安徽省能源强度低于全国平均水平。这表明安徽省经济发展对能源的依赖度没有全国强。

（2）安徽省能源强度呈下降趋势

安徽省能源强度由 2015 年的 0.516 2 吨标准煤/万元，下降到 2022 年的 0.419 1吨标准煤/万元。这表明安徽省的技术在进步，安徽省经济发展对能源的依赖度在降低。

3.4.4 人均能源消费量特征

（1）人均能源消费量低于全国平均水平

查阅国家统计局官网相关数据，绘制出人均能源消费量表，如表 3-8 所示。

表 3-7　2015—2022 年安徽省和全国平均每万元 GDP 能源消费量对比

年份	安徽省						全国				
	GDP /亿元	GDP 指数	GDP 折算值 /亿元	能源消费总量 /万吨标准煤	能源强度 /(吨标准煤/万元)		GDP /亿元	GDP 指数	GDP 折算值 /亿元	能源消费总量 /万吨标准煤	能源强度 /(吨标准煤/万元)
2015	23 831.18	108.7	23 831.18	12 301.23	0.516 2		688 858.2	100.0	688 858.20	434 113	0.630 2
2016	26 307.7	108.8	25 928.32	12 662.89	0.488 4		746 395.1	106.8	735 700.56	441 492	0.600 1
2017	29 676.22	108.6	28 158.16	13 018.71	0.462 3		832 035.9	106.9	786 463.90	455 827	0.579 6
2018	34 010.91	108.0	30 410.81	13 294.71	0.437 2		919 281.1	106.7	839 156.98	471 925	0.562 4
2019	36 845.49	107.3	32 630.8	13 869.73	0.425 1		986 515.2	106.0	889 506.40	487 488	0.548 0
2020	38 061.51	103.7	33 838.14	14 697.90	0.434 4		1 013 567.0	102.2	909 075.54	498 314	0.548 2
2021	42 565.17	108.2	36 612.87	15 342.63	0.419 1		1 149 237.0	108.4	985 437.88	525 896	0.533 7
2022	45 045.02	103.5	37 894.32	15 882.66	0.419 1		1 204 724.2	103.0	1 015 001.00	541 000	0.533 0

注：① 国家数据来源于国家统计局网站，安徽省数据来自《安徽统计年鉴》（2023）；② 地区生产总值按照 2015 年可比价格计算。

表 3-8　人均能源消费量对比情况表　消费量单位:吨标准煤

年份	安徽	上海	江苏	浙江	全国	安徽/全国
2005	1.06	4.09	2.26	2.41	2.00	53.00%
2010	1.58	4.45	3.28	3.10	2.69	58.74%
2015	2.05	4.45	3.65	3.28	3.14	65.29%
2020	2.41	4.46	3.85	3.81	3.53	68.22%
2022	2.59	4.42	4.21	4.43	3.83	67.65%

由表 3-8 可知,安徽省人均能源消费量呈现如下特征。

① 安徽省人均能源消费量低于全国平均水平。与全国平均水平相比,2022年安徽省人均能源消费量为 2.59 吨标准煤,仅为全国人均能源消费量的67.65%。

② 安徽省人均能源消费量远低于长三角兄弟省份水平。与长三角兄弟省份相比,2022年安徽省人均能源消费量仅为上海的 58.6%、江苏的 61.5%、浙江的 58.47%。

（2）安徽省人均能源消费量呈扩大趋势

从纵向看,2005—2022 年安徽省人均能源消费呈逐年扩大趋势。由 2005年的 1.06 吨标准煤,增加到 2017 年的 2.59 吨标准煤,年均增长率 5.4%。随着安徽省居民生活水平逐渐提升,安徽省未来的人均能源消耗量将继续扩大。

（3）安徽省人均能源消费量未来增长潜力大

展望未来,预计随着安徽省经济的持续增长和居民生活水平的进一步提升,安徽省的人均能源消费量将会实现显著增加,逐渐缩小与长三角兄弟省份以及全国平均水平之间的差距,因此,安徽省人均能源消费量未来增长潜力大。

3.4.5　能源消费弹性特征

（1）安徽省能源消费弹性系数等于 1

能源消费弹性系数是能源消费增速与经济发展速度之比,其波动反映了经济增长变化与能源消费变化之间的关系。其计算公式为:

$$e = \frac{\Delta E/E}{\Delta G/G} = \frac{\Delta E}{\Delta G} \cdot \frac{G}{E} \qquad (3-1)$$

式中　e——能源消费弹性系数;

　　　E——能源消费量;

　　　G——GDP;

ΔE——能源消费增量；

ΔG——GDP 增量。

查阅《中国能源统计年鉴》《安徽统计年鉴》相关数据，可以绘制能源消费弹性系数对比图，具体如图 3-9 所示。

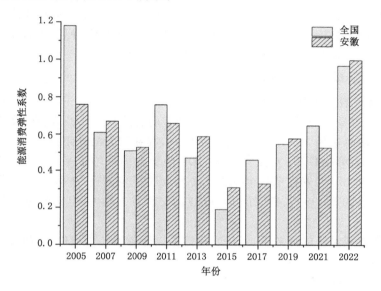

图 3-9　2005—2022 年安徽省和全国能源消费弹性系数对比图

由图 3-9 可知，2022 年，安徽省能源消费弹性系数 $e=1$，表明安徽省的经济每增加 1％，所需要增加的能源消费量也是 1％，安徽省的经济发展模式依然处于相对粗放的发展阶段。

（2）安徽省能源消费弹性系数高于全国平均水平

2022 年，安徽省能源消费弹性系数为 1，全国平均能源消费系数为 0.97，表明安徽省经济发展更加依赖能源，发展质量低于全国平均水平。

（3）安徽省能源消费弹性系数有振荡走高的趋势

由图 3-9 可知，2015—2022 年，安徽省能源消费弹性系数呈现振荡走高的趋势。这表明近年来安徽省经济发展对能源的依赖呈逐年扩大趋势，这给安徽省碳达峰带来了挑战。

这需要引起安徽省政府管理部门的警惕，应通过技术进步、设备更新、产业结构调整等手段予以调整。

3.5 本章小结

本章对安徽省的地理概况、经济发展水平、能源消费等数据进行收集、梳理，并采用时间序列分析方法，展现安徽省各个指标的发展演变特点，为后续研究奠定数据收集和整理的基础。通过研究，得出以下结论。

（1）安徽省碳达峰面临的挑战

① 经济发展任务重，能源消耗大

从 GDP 总量看，安徽省经济在长三角处于弱势地位。2022 年，安徽省 GDP 仅为江苏经济总量的 36.67%、浙江的 57.96%，存在较大的差距。

从人均 GDP 指标看，安徽省人均 GDP 低于全国平均水平，更低于长三角兄弟省份。2022 年，安徽省人均 GDP 仅为全国平均水平的 87.14%、上海的 40.91%、江苏的 50.98%、浙江的 62.11%。安徽省人均 GDP 仍然存在较大的提升空间。

安徽省发展经济的任务重，经济发展需要以能源消耗为代价，因而导致安徽省未来面临碳达峰的挑战更加严峻。

② 安徽省经济增长模式粗放

2022 年，安徽省能源消费弹性系数（$e=1$）高于全国平均水平（$e=0.97$）。这表明安徽省的经济每增加 1%，所需要增加的能源消费量也是 1%，安徽省的经济发展模式依然处于相对粗放的发展阶段。

2015—2022 年，安徽省能源消费弹性系数呈现振荡走高的趋势。这表明近年来安徽省经济发展对能源的依赖度呈逐年扩大趋势，这给安徽省碳达峰带来了挑战。这需要引起安徽省政府管理部门的警惕，应通过技术进步、设备更新、产业结构调整等手段予以调整。

③ 产业结构落后，能源消耗大

与全国平均水平相比，安徽省第二产业比重过高。2023 年，安徽省第二产业比重为 40.1%，全国第二产业比重仅为 38.30%。工业是能源消费的主要来源，2022 年安徽省工业用能 10 192.97 万吨标准煤，约占能源消费总量的 65%。第二产业比重过高，给安徽省碳达峰带来了挑战。

④ 能源结构偏煤，给碳达峰带来挑战

从消费结构看，安徽省能源消费存在"一煤独大"现象。2022 年，安徽省能源消费结构中，煤炭消费占比（67.6%）高于全国平均水平（56.2%），安徽省能源消费特征给安徽省碳达峰带来了挑战。

⑤ 城镇化水平偏低，未来用能潜力大

2022 年，安徽省城镇化水平 60.15％，低于全国平均水平，仅为全国平均水平的 92％、江苏的 81％、浙江的 82％、上海的 67％。随着安徽省城镇化水平的提高和人们生活水平的改善，安徽省未来生活用能需求会进一步扩大，这给安徽省碳达峰带来了挑战。

⑥ 人均用能水平低于全国平均水平，未来能源消费增长潜力大

2022 年，安徽省人均能源消费量为 2.59 吨标准煤，仅为全国人均能源消费量的 67.65％、上海的 58.6％、江苏的 61.5％ 和浙江的 58.47％。随着安徽省居民生活水平的进一步提升，安徽省的人均能源消费量将会呈现显著增加，逐渐缩小与长三角兄弟省份以及全国平均水平之间的差距。因此，安徽省人均能源消费量未来增长潜力大。

综上，安徽省经济发展任务重、经济发展模式粗放、产业结构偏重、能源结构偏煤、城镇化水平低、人均用能水平低等特点，都给安徽省碳达峰带来了挑战。

（2）为促进安徽省碳达峰，安徽省应初步采取的对策

① 降低经济发展速度，注重经济发展质量。

② 调整产业结构，尽快把第二产业的比重降下来，以降低能源消费。

③ 大力发展新能源，尽快优化能源结构，用新能源替代化石能源。

④ 严格控制高能耗企业的项目审批，关闭老旧破小工业企业，通过兼并收购等手段，促进区域内工业企业集约化发展，以提高技术水平、降低能源消费和碳排放量。

第4章 安徽省碳排放的测算

本章的研究目的是科学测算安徽省二氧化碳的排放量,并分析其随时间演变的特征,为后续研究奠定数据测算基础。

4.1 碳排放测算方法

为科学准确核算我国的碳排放数据,生态环境部2020年以"环办气候函〔2020〕279号"文件形式,对省域碳排放核算做了具体规定,指出我国各省域碳排放核算的方法如下。

① 二氧化碳排放量是指化石燃料消费产生的排放量及电力调入调出所蕴含的排放量。

② 省域二氧化碳排放量的核算。

二氧化碳排放量=燃煤排放量+燃油排放量+燃气排放量+从外省调入电力所蕴含的二氧化碳排放量-本地区电力调出所蕴含的二氧化碳排放量 (4-1)

其中:

$$燃煤排放量=当年煤炭消费量×燃煤综合排放因子$$

$$燃油排放量=当年油品消费量×燃油综合排放因子$$

$$燃气排放量=当年天然气消费量×燃气综合排放因子$$

从第j个省级电网调入电力所蕴含的二氧化碳排放量=当年本地区从第j个省级电网调入电量×第j个省级电网平均二氧化碳排放因子 (4-2)

本地区电力调出所蕴含的二氧化碳排放量=本地区调出电量×本地区省级电网平均二氧化碳排放因子 (4-3)

表 4-1　化石能源消费 CO_2 排放因子

单位：吨二氧化碳/吨标准煤

名称	数值
煤炭	2.66
石油	1.73
天然气	1.56

2022 年 3 月，生态环境部应对气候变化司印发《关于做好 2022 年企业温室气体排放报告管理相关重点工作的通知》(环办气候函〔2022〕111 号)，并以附件形式更新了《企业温室气体排放核算方法与报告指南发电设施（2022 年修订版）》，全国电网排放因子调整为 0.581 0 t 二氧化碳/（MW·h）。

以上 CO_2 核算规则为安徽省 CO_2 核算研究提供了政策依据。

4.2　安徽省碳排放的核算

4.2.1　安徽省直接碳排放的核算

依据生态环境部关于区域碳排放的核算规则，以 2006—2023 年《安徽统计年鉴》中能源消费数据为依据，可以计算安徽省化石能源消费产生的 CO_2 排放量，具体如表 4-2 所示。

表 4-2　2005—2022 年安徽省直接碳排放的核算

年份	能源消费总量 /万吨标准煤	能源消费占比/%			CO_2 排放量 /万 t
		煤炭	石油	天然气	
2005	6 505.98	88.6	10.5	0.2	16 535.14
2006	7 069.39	88.0	11.5	0.5	18 009.62
2007	7 739.33	87.5	11.7	0.8	19 676.40
2008	8 325.40	87.0	11.9	1.1	21 123.45
2009	8 895.90	86.6	12.0	1.4	22 533.31
2010	9 414.00	86.2	10.3	1.8	23 527.37
2011	10 570.23	82.2	11.6	2.5	25 645.49
2012	11 357.95	80.6	12.8	2.9	27 379.93

表4-2（续）

年份	能源消费总量 /万吨标准煤	能源消费占比/%			CO_2排放量 /万 t
		煤炭	石油	天然气	
2013	11 696.39	78.8	14.2	3.1	27 955.54
2014	12 011.02	77.9	15.7	3.8	28 862.84
2015	12 301.23	77.1	16.0	3.8	29 362.30
2016	12 662.89	75.1	16.4	4.1	29 698.78
2017	13 018.71	72.5	17.4	4.5	29 939.39
2018	13 294.71	70.9	16.8	5.3	30 036.21
2019	13 869.73	70.2	16.6	5.7	31 115.63
2020	14 697.90	69.8	15.4	5.1	32 374.48
2021	15 342.63	67.7	15.7	4.8	32 945.38
2022	15 882.66	67.6	13.9	6.0	33 865.48

注:《安徽统计年鉴》中缺少2006—2009年的能源结构数据,相关数据依据插值法估算。

4.2.2 安徽省间接碳排放的核算

查询《中国能源统计年鉴》,可以获得安徽省2005—2022年的电力调入调出数据,具体如表4-3所示。

表4-3 2005—2022年安徽省电力调入调出产生的CO_2排放量核算

年份	外省调入量(+) /亿 kW·h	本省调出量(-) /亿 kW·h	净调入量 /亿 kW·h	间接CO_2减排量 /万 t
2005	6.64	73.37	−66.73	−387.70
2006	12.20	84.18	−71.98	−418.20
2007	7.19	106.53	−99.34	−577.17
2008	4.28	247.94	−243.66	−1 415.66
2009	1.29	377.56	−376.27	−2 186.13
2010	1.71	387.11	−385.40	−2 239.17
2011	1.22	435.09	−433.87	−2 520.78
2012	6.99	453.73	−446.74	−2 595.57
2013	10.72	460.38	−449.66	−2 612.52

表4-3（续）

年份	外省调入量（+）/亿 kW·h	本省调出量（-）/亿 kW·h	净调入量/亿 kW·h	间接 CO_2 减排量/万 t
2014	6.18	454.91	-448.73	-2 607.14
2015	4.51	426.61	-422.10	-2 452.40
2016	42.42	500.13	-457.71	-2 659.30
2017	35.67	584.45	-548.78	-3 188.41
2018	83.71	689.86	-606.15	-3 521.73
2019	177.84	763.83	-585.99	-3 404.60
2020	425.10	806.58	-381.48	-2 216.40
2021	537.24	904.99	-367.75	-2 136.63
2022			-305.55	-1 775.25

注：① 本省电力调入调出量来源于《中国能源统计年鉴》；② 全国电网排放因子 0.581 0 吨二氧化碳/（MW·h）；③ 2022 年数据来源于《安徽统计年鉴》（2023），依据"净调出量=生产量-消费量"计算。

4.2.3 安徽省碳排放量测算结果分析

（1）测算结果

依据生态环境部 2020 年以"环办气候函〔2020〕279 号"文件规定的测算办法，对安徽省 CO_2 的直接排放量和电力净调入产生的间接 CO_2 排放量进行测算，合计后得到 2005—2022 年安徽省碳排放量，具体如表 4-4 所示。

表 4-4 2005—2022 年安徽省碳排放量的核算结果 单位：万 t

年份	CO_2 直接排放量	CO_2 间接排放量	总排放量
2005	16 535.14	-387.701	16 147.44
2006	18 009.62	-418.204	17 591.42
2007	19 676.40	-577.165	19 099.24
2008	21 123.45	-1 415.66	19 707.79
2009	22 533.31	-2 186.13	20 347.18
2010	23 527.37	-2 239.17	21 288.20
2011	25 645.49	-2 520.78	23 124.71
2012	27 379.93	-2 595.57	24 784.36

表 4-4(续)

年份	CO$_2$ 直接排放量	CO$_2$ 间接排放量	总排放量
2013	27 955.54	−2 612.52	25 343.02
2014	28 862.84	−2 607.14	26 255.70
2015	29 362.30	−2 452.40	26 909.90
2016	29 698.78	−2 659.30	27 039.48
2017	29 939.39	−3 188.41	26 750.98
2018	30 036.21	−3 521.73	26 514.48
2019	31 115.63	−3 404.60	27 711.03
2020	32 374.48	−2 216.40	30 158.08
2021	32 945.38	−2 136.63	30 808.75
2022	33 865.48	−1 775.25	32 090.23

（2）碳排放量特点分析

依据表 4-4 计算所得的 2005—2022 年安徽省碳排放量，可以得到 2005—2022 年安徽省碳排放量的时空演变趋势图（图 4-1）。

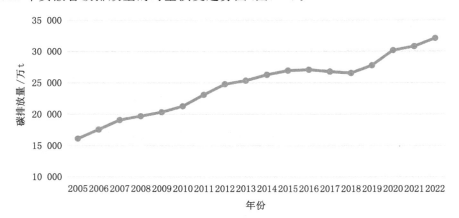

图 4-1　2005—2022 年安徽省碳排放量演变特征

由图 4-1 可知，2005—2022 年安徽省碳排放量呈缓慢上升趋势。2005 年安徽省碳排放量为 16 147.44 万 t，逐步上升为 2022 年的 32 090.23 万 t，年均增长率为 4.12％。

4.3　碳排放的产业分布特征

4.3.1　三大产业碳排放分布特征

依据《中国能源统计年鉴》(2023)、《安徽统计年鉴》(2023)，参考安徽省碳核算数据库公布的碳排放量，可以获取安徽省 2022 年三大产业的分布情况，具体如表 4-5 所示。

表 4-5　2022 年三大产业的碳排放量

产业	碳排放量/万 t	占比/%
第一产业	334.48	1.03
第二产业	29 756.46	91.67
第三产业	2 371.20	7.30
合计	32 462.14	100.00

由表 4-5 可知，从碳排放的产业分布看，安徽省的碳排放主要来源于第二产业。安徽省三大产业的碳排放量中，第二产业的碳排放量占三大产业碳排放量的 91.67%，因此，要做好安徽省的碳达峰工作，应重点治理第二产业的碳排放问题。

4.3.2　第二产业内部碳排放分布特征

依据安徽省工业产业部门的能源消费，可以核算安徽省第二产业的碳排放量，按碳排放量由大到小的顺序排列，可以得到安徽省第二产业碳排放量排名靠前的十大产业部门，具体如表 4-6 所示。

表 4-6　2022 年第二产业碳排放量排名靠前的十大产业

序号	产业名称	碳排放量/万 t	碳排放量占比/%	累计占比/%
1	电力与热力的生产与供应业	21 263.82	62.79	62.79
2	黑色金属的冶炼和压制	5 278.04	15.59	78.37
3	煤炭开采与洗选业	1 182.09	3.49	81.86
4	非金属矿采选业	909.33	2.69	84.55

表4-6(续)

序号	产业名称	碳排放量/万 t	碳排放量占比/%	累计占比/%
5	建筑业	341.24	1.01	85.56
6	金属制品业	106.50	0.31	85.87
7	有色金属冶炼与压制业	77.54	0.23	86.10
8	天然气生产和供应	75.24	0.22	86.32
9	化工原料和化工产品	64.55	0.19	86.51
10	普通机械制造业	57.74	0.17	86.68

由表 4-6 可知:

① 第二产业的碳排放主要来自电力生产部门。安徽省碳排放量的 62.79%来源于火力发电和供热产业。火电碳排放比较集中,易于收集,可以考虑采用CCUS 技术对安徽省火电碳排放进行捕集、利用和封存,来降低安徽省火电产业的碳排放,促进安徽省碳达峰的早日实现。

② 依据"二八定律",安徽省 80%的碳排放来源于电力与热力的生产与供应业、黑色金属的冶炼和压制、煤炭开采与洗选业,因此加强这三个产业的管理非常有必要。

4.4 安徽省碳排放与经济发展的关联特征分析

本节通过分析 CO_2 排放量对经济增长的敏感程度,判断安徽省经济增长与环境压力增长之间的相互断离的状态,初步做出安徽省经济、环境可持续发展的判断。

4.4.1 研究方法

(1) 脱钩理论概述

脱钩理论是经济合作和发展组织(OECD)提出的,是形容阻断经济增长与资源消耗或环境污染之间联系的基本理论。普遍意义上区域经济发展水平的增长会导致环境压力的上升,但合理的制度政策引导和科学技术手段改善后,经济增长与环境压力增长的关系会逐渐减弱,最后达到经济增长和环境压力增长关系相互断离的状态。

（2）评价方法——Tapio 脱钩模型

Tapio 在脱钩理论的基础上，于 2005 年提出了"脱钩弹性"的概念，建立了脱钩模型。"脱钩弹性"又被称为"碳排放弹性"，用来分析经济发展变化幅度与 CO_2 排放量变化幅度的比值，主要反映 CO_2 排放量变化对于经济变化的敏感程度。

Tapio 脱钩弹性指数计算公式如下：

$$t_{CO_2,GDP} = \frac{\Delta CO_2 / CO_2}{\Delta GDP / GDP} \tag{4-4}$$

（3）评价标准

采用脱钩弹性对碳排放与经济增长之间的敏感性进行分析，依据脱钩弹性指数范围分为强脱钩、弱脱钩、扩张性负脱钩、强负脱钩、弱负脱钩、衰退性脱钩、增长性联结、衰退性联结共 8 种脱钩类型。具体如表 4-7 所示。

表 4-7　脱钩状态类型

状态		ΔCO_2（环境压力）	ΔGDP（经济增长）	弹性
负脱钩	强负脱钩	>0	<0	$t<0$
	扩张性负脱钩	>0	>0	$t>1.2$
	弱负脱钩	<0	<0	$0<t<0.8$
联结	增长性联结	>0	>0	$0.8<t<1.2$
	衰退性联结	<0	<0	$0.8<t<1.2$
脱钩	衰退性脱钩	<0	<0	$t>1.2$
	弱脱钩	>0	>0	$0<t<0.8$
	强脱钩	<0	>0	$t<0$

① 强负脱钩，表示碳排放正在增长，而经济在倒退，在经济衰退的情况下，环境压力持续加大。强负脱钩是脱钩形态中最不理想的状态。

② 扩张性负脱钩，表示碳排放和经济都在正增长，但是碳排放的增长速度已经大于经济的增长速率，环境的压力已经超过经济的发展速度。因此，这是一种较差的脱钩形态，不符合绿色经济发展趋势。

③ 弱负脱钩，表示碳排放和经济都在减少，碳排放减少的速度小于经济减少的速度，是较差的脱钩状态。

④ 增长性联结，表示环境压力在增长，经济也在增长，但经济的增长没有足够优于环境压力的增长，经济体系仍属于不脱钩状态。

⑤ 衰退性联结,表示经济在衰退,环境压力也在减轻,但经济衰退的表现没有足够优于环境压力的减轻。

⑥ 衰退性脱钩,较差的脱钩状态,表示碳排放在减少,经济也在衰退,碳排放减少的速度大于经济减少的速度。衰退性脱钩不符合低碳经济发展的目的。

⑦ 弱脱钩,是较好的脱钩模式,表示虽然碳排放和经济都在增长,但是经济增长速度大于碳排放增长的速度,环境的压力并没有超越经济的发展速度,有望朝着强脱钩形态发展。

⑧ 强脱钩,是理想的脱钩模式,表示碳排放正在减少,而经济仍然在上升的状态,说明在经济发展的同时环境的压力得到控制,两者实现关系的脱离,有望实现绿色低碳的发展模式。

4.4.2 安徽省碳排放与经济增长关联特征

依据安徽省碳排放统计数据(表 4-4),可以得到 2005—2022 年安徽省经济发展与碳排放脱钩弹性指数,具体如表 4-8 所示。

表 4-8 2005—2022 年安徽省脱钩弹性指数情况

年份	CO_2 排放总量	ΔCO_2	$\dfrac{\Delta CO_2}{CO_2}$	GDP 指数 (1978 年=100)	ΔGDP	$\dfrac{\Delta GDP}{GDP}$	$t_{CO_2,GDP}$	脱钩状态
2005	16 147.44			1 450.1				
2006	17 591.42	1 443.98	0.082 1	1 632.8	182.7	0.111 9	0.73	弱脱钩
2007	19 099.24	1 507.82	0.078 9	1 863.0	230.2	0.123 6	0.64	弱脱钩
2008	19 707.79	608.55	0.030 9	2 097.7	234.7	0.111 9	0.28	弱脱钩
2009	20 347.18	639.39	0.031 4	2 372.5	274.8	0.115 8	0.27	弱脱钩
2010	21 288.20	941.02	0.044 2	2 711.8	339.3	0.125 1	0.35	弱脱钩
2011	23 124.71	1 836.51	0.079 4	3 075.2	363.4	0.118 2	0.67	弱脱钩
2012	24 784.36	1 659.65	0.067 0	3 419.6	344.4	0.100 7	0.66	弱脱钩
2013	25 343.02	558.66	0.022 0	3 771.8	352.2	0.093 4	0.24	弱脱钩
2014	26 255.70	912.68	0.034 8	4 118.8	347.0	0.084 2	0.41	弱脱钩
2015	26 909.90	654.20	0.024 3	4 477.1	358.3	0.080 0	0.30	弱脱钩
2016	27 039.48	129.58	0.004 8	4 871.1	394.0	0.080 9	0.06	弱脱钩
2017	26 750.98	−288.50	−0.010 8	5 290.0	418.9	0.079 2	−0.14	强脱钩
2018	26 514.48	−236.50	−0.008 9	5 713.2	423.2	0.074 1	−0.12	强脱钩

表4-8(续)

年份	CO_2 排放总量	ΔCO_2	$\dfrac{\Delta CO_2}{CO_2}$	GDP 指数(1978 年=100)	ΔGDP	$\dfrac{\Delta GDP}{GDP}$	$t_{CO_2,GDP}$	脱钩状态
2019	27 711.03	1 196.55	0.043 2	6 130.3	417.1	0.068 0	0.63	弱脱钩
2020	30 158.08	2 447.05	0.081 1	6 357.1	226.8	0.035 7	2.27	增长负脱钩
2021	30 808.75	650.67	0.021 1	6 878.4	521.3	0.075 8	0.28	弱脱钩
2022	32 090.23	1 281.48	0.039 9	7 119.1	240.7	0.033 8	1.18	增长联结

注:GDP 指数以 1978 年为基期等于 100 计算,本书统一用"1978 年=100"表示。

由表 4-8 可知:

① 从现状看,2022 年安徽省经济发展与碳排放处于"增长性联结"状态。这表示环境压力在增长,经济也在增长,但经济的增长没有足够优于环境压力的增长,经济体系仍属于不脱钩状态。

② 2015—2018 年,安徽省的经济发展与碳排放呈现逐步转好的状态。由弱脱钩向强脱钩转好的状态发展,2019 年以后,安徽省经济发展与碳排放量之间关联性又呈增强状态。

③ 为了早日实现碳达峰目标,安徽省应在未来发展中实现"强脱钩",才能有利于碳达峰状态的早日实现。

4.5 本章小结

本章依据生态环境部颁布的 CO_2 测算方法,对安徽省历年的碳排放量进行了测算,为后续研究奠定了数据基础。

本章得出以下结论。

① 2022 年,安徽省 CO_2 的直接排放量为 33 865.48 万 t,间接排放量为 —1 775.25 万 t,实际排放量为 32 090.23 万 t。从时间序列上看,安徽省 CO_2 排放量呈逐年缓慢上升趋势。

② 从三大产业的碳排放量分布看,安徽省第二产业的碳排放量占三大产业碳排放量的 91.67%;第二产业的碳排放量主要来源于电力与热力的生产与供应业、黑色金属的冶炼和压制、煤炭开采与洗选业等 3 个产业。

③ 从现状看,2022 年安徽省经济发展与碳排放处于"增长性联结"状态。这表示环境压力在增长,经济也在增长,但经济的增长没有足够优于环境压力的

增长,经济体系仍属于不脱钩状态,表明安徽省的经济增长仍处于依赖环境破坏的基础上,是一种粗放式的经济发展状态。安徽省应在未来发展中实现"强脱钩",才能有利于碳达峰状态的早日实现。

针对以上研究结论,建议采取的碳达峰针对性管控对策如下。

① 实施 CCUS 工程。通过对碳排放比较集中的火电生产行业,对集中排放的 CO_2 实施捕集、利用和封存,这有利于快速降低安徽省的碳排放量,有利于安徽省碳达峰目标的实现。

② 改善能源结构。通过能源的清洁化,促进安徽省经济发展与碳排放尽快脱钩。

③ 优化产业结构。让高耗能的工业企业所占比例降下来,有利于降低能源消耗,降低碳排放。

④ 科技创新。对工业企业实施科技创新工程,可以有效提高能源利用效率,降低能源消耗,进而尽快降低碳排放量,有利于早日实现碳达峰。

第 5 章　基于环境库兹涅茨曲线的安徽省碳达峰预测

本章研究的目的是以 EKC 理论为指导,构建安徽省碳排放量预测的回归方程,对安徽省碳达峰的时间、峰值和达峰条件进行探讨。

5.1　理论基础

5.1.1　环境库兹涅茨曲线的由来

20 世纪 50 年代,诺贝尔奖获得者库兹涅茨发现:人均收入与分配公平之间存在着倒 U 形的曲线关系,后人将其命名为库兹涅茨曲线;1991 年,美国经济学家 Grossman 和 Krueger 在研究中发现,污染在低收入水平上随人均 GDP 增加而上升,在高收入水平上随人均 GDP 增长而下降的规律;1993 年,Panayotou 首次将这种环境质量与人均 GDP 间的关系称为环境库兹涅茨曲线(EKC)。EKC 揭示出环境质量开始随着收入增加而退化,收入水平上升到一定程度后随收入增加而改善,即环境质量与收入为倒 U 形关系。

目前,EKC 也是低碳经济学理论中用于研究碳排放与经济发展关系的一种重要方法。

5.1.2　环境库兹涅茨曲线理论内容

（1）理论内容

环境库兹涅茨曲线如图 5-1 所示。

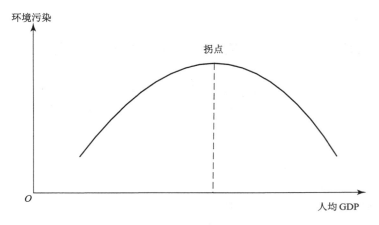

图 5-1　环境库兹涅茨曲线

由图 5-1 可知，当一个国家经济发展水平较低的时候，环境污染的程度较轻，随着人均 GDP 的增加，环境污染水平由低变高，环境恶化程度随经济的增长而加剧；到达某个临界点以后，随着人均 GDP 的进一步增加，环境污染水平又由高趋低，环境质量逐渐得到改善。

（2）EKC 呈倒 U 形的原因

环境库兹涅茨曲线提出后，许多学者展开了探讨，对环境库兹涅茨曲线呈倒 U 形的可能原因解释如下。

① 技术与结构。在一国经济增长过程中，技术进步会改善资源的使用效率，降低单位产出的要素投入，削弱生产对自然与环境的影响；同时，清洁技术不断开发和取代污染技术，并有效地循环利用资源，降低了单位产出的污染排放。在早期阶段，产业结构从农业向能源密集型重工业转变，增加了污染排放，随后经济转向低污染的服务业和知识密集型产业，污染排放量会下降，环境质量改善。

② 环境质量需求。收入水平低时，社会群体很少产生对环境质量的需求，贫穷会加剧环境恶化；当收入水平提高后，人们产生对高环境质量的需求，不仅愿意购买环境友好产品，而且不断强化环境保护的意识，愿意接受严格的环境规

制,并带动经济发生结构性变化,减缓环境恶化。

③ 环境规制。随着经济增长,环境规制在加强,有关污染者、污染损害、地方环境质量、排污减让等信息不断健全,促成政府加强地方与社区的环保能力和提升一国的环境质量管理能力,严格的环境规制进一步引起经济结构向低污染转变。

④ 市场机制。经济发展到一定阶段后,市场参与者对高污染产品的抵制,会迫使污染企业进行技术升级,减少对环境的污染,环境质量得以改善。如银行对环保不力的企业拒绝贷款,消费者对高污染制造的产品拒绝购买等行为。

⑤ 国际贸易。一些发达国家会采取国际贸易的形式,将高污染产业转移到发展中国家进行生产,以更好地应对本国政府严格的环境管制,进而使国内环境质量得到改善。

这些理论研究表明,在收入提高的过程中,随着产业结构向信息化和服务业的演变、清洁技术的应用、环保需求的加强、环境规制的实施以及市场机制的作用等,环境质量先下降然后逐步改善,呈倒 U 形。

5.1.3　环境库兹涅茨曲线的特点

(1) 形态不确定性

EKC 理论假说提出后,实证研究不断,结论也呈多样化:有的研究发现 EKC 有标准的倒 U 形、单调上升形、单调下降形、U 形、N 形等多种形状,具体如图 5-2 所示。

导致出现经济与环境压力同步增长的原因,可能是经济增长并不能解决环境污染问题,或者经济增长还没有达到与环境污染相互分离的阶段。经济增长与环境压力呈现 U 形曲线的原因,可能与特殊的阶段性环境政策、经济阶段性发展或森林砍伐等因素有关。

(2) 没有固定的拐点

EKC 的拐点不固定。研究区域内的环境政策、国际贸易、市场机制等影响因素不同,EKC 拐点的时间、峰值也存在极大的不确定性。

5.1.4　环境库兹涅茨曲线的应用实践

2009 年,林伯强、蒋竺钧等学者利用 EKC 研究了我国二氧化碳排放量的拐点为人均 GDP 37 170 元,即 2020 年左右。2010 年,许广月等学者利用 EKC 研究了我国碳排放,得出我国中东部地区存在人均碳排放的 EKC,而西部地区不存在 EKC 的结论。2012 年,邵锋祥等学者以 1978—2008 年的陕西省碳排放数

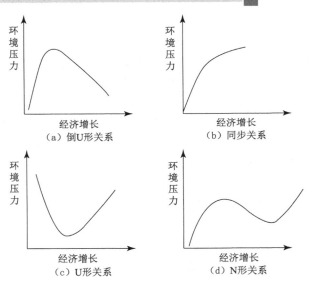

图 5-2　EKC 的可能形状

据为基础，依据 EKC 理论研究发现，陕西省 EKC 的拐点为 2040 年。类似的研究还有付加锋(2008)、李磊(2011)等学者的相关研究。

5.1.5　环境库兹涅茨曲线理论的不足

EKC 理论在低碳经济学研究中取得了丰硕的成果，但也存在一定的不足，主要表现在如下方面。

（1）理论基础不充分

尽管 EKC 理论在实证研究中得到了广泛应用，但其理论基础并不充分。EKC 理论的提出者 Grossman 和 Krueger 在 1991 年的研究中，仅通过实证研究指出了污染与人均 GDP 间的关系，并没有提供充分的理论解释。

（2）实证研究的局限性

虽然有大量的实证研究支持 EKC 理论，但这些研究往往存在样本选择偏差、数据质量问题以及模型设定不合理等问题。例如，有些研究在建立 EKC 模型时，并没有进行必要的数据平稳性检验，这可能导致了错误的结论。

（3）忽视了政策和制度因素

EKC 理论主要关注经济活动对环境的影响，而忽视了政策和制度因素的作用。实际上，政府的环境政策和规制手段对环境污染的程度有着重要影响。例如，随着经济发展水平的提高，政府的财力和管理能力增强，出台和执行了一系列环境法规,从而降低了环境污染的程度。

（4）忽略了时间和空间尺度的影响

EKC 理论假设经济与环境之间的关系在不同的时间和空间尺度上是不变的,但这并不符合实际情况。例如,不同国家和地区在不同的发展阶段,经济与环境之间的关系可能会有所不同。

（5）缺乏对非线性关系的深入探讨

EKC 理论虽然描述了环境污染与经济发展之间存在的非线性关系,但对其背后的机制和影响因素的探讨还不够深入。例如,规模效应、技术效应和结构效应如何相互作用,以及这些效应在不同发展阶段的变化规律等。

综上所述,EKC 理论在理论基础、实证研究、政策和制度因素、时间和空间尺度以及非线性关系等方面存在不足。这些问题限制了 EKC 理论的应用范围和解释力,未来的研究需要在这些方面做出改进和完善。

5.2　研究设计

5.2.1　预测模型的确定

EKC 主要研究人均 CO_2 排放和人均收入的关系。本研究以 PC 代表人均 CO_2 排放量,以 PY 表示人均收入。考虑到 EKC 可能存在多种不同的形状,因此初步选择线性方程、一元二次方程、一元三次方程,初步建立安徽省 CO_2 排放的环境库兹涅茨曲线的研究模型。然后经过统计指标的优化选择,最终确定安徽省碳达峰预测模型。

初步建立的安徽省碳达峰预测模型分别如下。

① 线性方程:

$$\ln PC = \alpha + \beta_1 \ln PY \tag{5-1}$$

② 一元二次方程:

$$\ln PC = \alpha + \beta_1 \ln PY + \beta_2 \ln (PY)^2 \tag{5-2}$$

③ 一元三次方程:

$$\ln PC = \alpha + \beta_1 \ln PY + \beta_2 \ln (PY)^2 + \beta_3 \ln (PY)^3 \tag{5-3}$$

上述公式中,α 为常数项;β_1 在理论上为正值;β_2 为负值时,表示上述模型存在拐点。如果安徽省的相关数据符合理论实际,可以用于预测安徽省碳达峰的时间拐点。

5.2.2　数据的准备

为保证计算的科学性,需要对数据进行必要的处理。① 以安徽省常住人口为计算人口基础数据,计算人均 CO_2 排放量;② 计算人均 GDP 数据时,直接采用《安徽统计年鉴》(2023)中 1978 年基期为 100 的人均 GDP 数据,以最大程度减少计算误差,保持研究数据的可靠性。

安徽省 EKC 计算的相关数据,经整理后如表 5-1 所示。

表 5-1　安徽省 EKC 基础数据

年份	GDP 折算值/亿元	CO_2 排放量/万 t	人口数/万人	人均 GDP(1978 年＝100)/元	人均 CO_2 排放量/t
2005	7 718.43	16 147.44	6 120	1 092.9	2.638 5
2006	8 690.95	17 591.42	6 110	1 242.6	2.879 1
2007	9 916.37	19 099.24	6 118	1 417.8	3.121 8
2008	11 165.83	19 707.79	6 135	1 593.6	3.212 4
2009	12 628.56	20 347.18	6 131	1 800.8	3.318 7
2010	14 434.44	21 288.20	5 957	2 088.9	3.573 6
2011	16 368.66	23 124.71	5 968	2 400.1	3.874 8
2012	18 201.95	24 784.36	5 978	2 664.1	4.145 9
2013	20 076.75	25 343.02	5 988	2 935.8	4.232 3
2014	21 923.81	26 255.70	5 997	3 200.0	4.378 1
2015	23 831.18	26 909.90	6 011	3 472.0	4.476 8
2016	25 928.32	27 039.48	6 033	3 767.1	4.481 9
2017	28 158.16	26 750.98	6 057	4 076.0	4.416 5
2018	30 410.81	26 514.48	6 076	4 385.8	4.363 8
2019	32 630.80	27 711.03	6 092	4 688.4	4.548 8
2020	33 838.14	30 158.08	6 105	4 847.8	4.939 9
2021	36 612.87	30 808.75	6 113	5 240.5	5.039 9
2022	37 894.32	32 090.23	6 127	5 413.4	5.237 5
2023	40 092.19	32 742.90	6 121	5 600.0	5.349 3

注:2023 年的 CO_2 排放量、人均 GDP 均为预测值。

5.3 安徽省碳排放 EKC 的确定

5.3.1 模型的预设计

考虑到 EKC 模型可能存在其他形状,依据邵锋祥等学者的相关研究,将安徽省碳排放的 EKC 初步设计为线性方程、一元二次方程、一元三次方程,分别进行拟合比选,从中选择最优的方程用于本项目研究。

5.3.2 预测模型的确定

采用 SPSS 26 统计软件,对准备的基础数据进行曲线估算分析。具体计算结果如表 5-2 所示。

表 5-2 模型摘要和参与估算值

方程	模型摘要					参数估算值			
	R^2	F	自由度 1	自由度 2	显著性	常量	β_1	β_2	β_3
线性	0.966	479.953	1	17	0.000	-1.669	0.385		
一元二次	0.972	276.329	2	16	0.000	-5.966	1.483	-0.070	
一元三次	0.972	276.329	2	16	0.000	-5.966	1.483	-0.070	0.000

依据表 5-2 和图 5-3 可知:

① 从模型的显著性分析,线性方程、一元二次方程和一元三次方程均具有显著性,具有应有的统计学意义。

② 从模型的拟合优度分析,一元二次方程和一元三次方程均优于线性方程,且一元二次方程和一元三次方程具有同等的拟合优度。

③ 模型结果警告:由于模型之间存在接近共线性,无法拟合三次模型。

综合以上分析,选择安徽省 CO_2 排放的 EKC 模型为:

$$\ln PC = -5.966 + 1.483\ln PY - 0.07(\ln PY)^2 \tag{5-4}$$
$$(-2.576)\ (-1.858) \qquad (2.508)$$
$$R^2 = 0.972 \ F = 276.329 \qquad t = 19$$

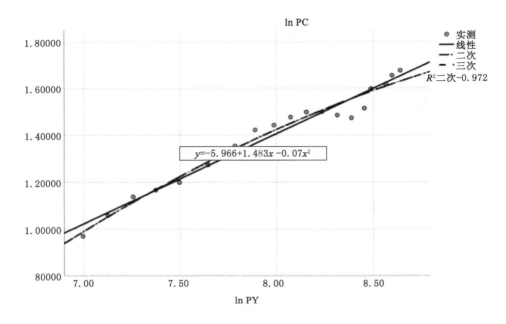

图 5-3 安徽省碳排放 EKC

5.4 安徽省碳达峰时间预测

5.4.1 数学原理

由数学知识可知,对于一元二次函数 $y=ax^2+bx+c(a\neq0)$,当 $x=-b/2a$ 时,有极值。极值公式为:$y=(4ac-b^2)/4a$。一元二次方程求极值的数学知识,为安徽省碳达峰的时间预测提供了数学基础。

5.4.2 安徽省碳达峰条件

依据建立的安徽省 EKC 方程,可以确定方程取得最大值的条件如下。

$a=-0.07$;$b=1.483$;$c=-5.966$,代入极值公式。

$$\ln PY = -\frac{1.483}{2\times(-0.07)} = 10.592\,9 \tag{5-5}$$

$$PY = \exp(10.592\,9) = 39\,850 \tag{5-6}$$

由计算结果可知,当安徽省人均 GDP 指数(1978 年＝100)小于 39 850 时,安徽省人均碳排放量会增加,当安徽省人均 GDP 指数(1978 年＝100)大于 39 850 时,安徽省人均碳排放量会降低。

5.4.3　安徽省碳达峰时间预测

依据《安徽省国民经济和社会发展第十四个五年规划和 2035 年远景目标纲要》可知,2020—2025 年,安徽省人均 GDP 增长目标设定为 5.6%。以此为未来假设发展速度,可以预测安徽省未来各年的人均 GDP 数据,具体如表 5-3 所示。

表 5-3　基于 EKC 理论的安徽省碳达峰预测

年份	发展速度/%	人均 GDP/元
2023	5.6	5 591.500
2030	5.6	8 187.960
2035	5.6	10 752.151
2040	5.6	14 119.360
2045	5.6	18 541.059
2050	5.6	24 347.486
2055	5.6	31 972.288
2056	5.6	33 762.736
2057	5.6	35 653.449
2058	5.6	37 650.042
2059	5.6	39 758.444
2060	5.6	41 984.917

依据表 5-3 可知,假设安徽省依据现有发展速度,将于 2060 年实现碳达峰。

这一研究结论与邵锋祥等(2012)对陕西省碳达峰的研究结果类似,他通过研究后认为,陕西省理论上碳达峰的条件为人均 GDP 达到 85 015.98 元。

5.5　本章小结

采用 EKC 理论,以 2005—2023 年安徽省人均 GDP 和人均 CO_2 排放量为数据基础,对安徽省碳达峰的时间进行了预测。

本章得到如下结论。

① 安徽省碳达峰的理论条件为：人均 GDP(1978 年＝100)指数达到 39 850 时,才会出现安徽省碳达峰的拐点。当安徽省人均 GDP 指数(1978 年＝100)小于 39 850 时,安徽省人均碳排放量会增加,当安徽省人均 GDP 指数(1978 年＝100)大于 39 850 时,安徽省人均碳排放量会降低。

这一研究结论与邵锋祥等学者对陕西省碳达峰的拐点相似(人均 GDP 达到 85 015.98 元)。

② 以《安徽省国民经济和社会发展第十四个五年规划和 2035 年远景目标纲要》设定的人均 GDP 指标年均增长目标为基础,预测人均 GDP,发现在现有发展速度不变的情况下,安徽省碳达峰需要到 2060 年才能实现。

③ EKC 进行预测的不足之处。

a. EKC 曲线是依据过去的数据预测将来。没有看到安徽省政府对低碳经济发展的努力,如调整产业结构、发展清洁能源、人才的培养等情况,这会导致安徽省 CO_2 的排放提前达峰的可能性。

b. 没有考虑人口的变化。没有看到我国的人口老龄化、低生育预期问题,会导致人口的负增长,这也将加快安徽省人均 GDP 增长的进程。

c. 没有考虑技术进步的影响。如 CCUS 技术的推广和应用,将会促进安徽省碳达峰的早日到来。

基于以上分析可知,在现实世界里,在政府宏观调控下,安徽省的碳达峰将会在 2060 年之前到来。

第6章 基于 STIRPAT 模型的安徽省碳达峰时间预测

6.1 STIRPAT 模型概述

6.1.1 STIRPAT 模型起源

STIRPAT 模型是一种环境影响评估工具,全称为 Stochastic Impacts by Regression on Population, Affluence, and Technology。该模型通过人口、富裕程度和技术水平 3 个自变量对因变量进行评估,以预测人类活动对环境的影响。

STIRPAT 模型提供了一种新的视角和方法,以更全面地了解和评估人类活动对环境的影响。

STIRPAT 模型起源于 Ehrlich 等人在 1971 年提出的 IPAT 模型。IPAT 模型将环境影响 I 与人口规模 P、人均财富水平 A 和技术因子 T 这 3 个因素相关联,表示为 $I = P \times A \times T$。然而,IPAT 模型的局限性在于其假设三因素对环境压力的影响水平是一样的,这并不符合实际情况。因此,STIRPAT 模型在 IPAT 模型的基础上进行了改进。

STIRPAT 模型将环境影响表示为随机变量,并考虑到各种不确定性因素。通过引入随机性和误差项,STIRPAT 模型能够更准确地评估不同因素对环境的影响,并提供了更全面的分析结果。

6.1.2 STIRPAT 模型的主要内容

STIRPAT 模型是一种可拓展的随机性的环境影响评估模型,主要用于分析人口规模、居民富裕程度、技术水平等因素对环境的影响。

理论原理表现为：人口规模的增长通常会导致资源的消耗和污染物排放的增加，造成环境压力增大；富裕程度的提高（通常用人均 GDP 表示），反映了经济活动的增加，进而可能会加剧环境压力；而技术的进步，则可以通过提高资源利用效率和减少污染排放来减轻环境压力。

该模型的数学表达式为：

$$I = \alpha P^b A^c T^d e \tag{6-1}$$

式中　I——人类活动对生态环境的影响；

　　　α——模型的系数；

　　　P——人口规模；

　　　A——居民富裕程度；

　　　T——技术水平；

　　　e——随机误差项；

　　　b、c、d——各变量相应的指数。

碳排放实质上反映的是人类对生态环境的影响，因此本研究拟采用 STIRPAT 模型对安徽省碳排放的达峰时间进行预测。

6.1.3　STIRPAT 模型的优缺点

（1）STIRPAT 模型的优点

STIRPAT 模型的优点包括：① 灵活性。STIRPAT 模型可以通过调整参数（如增加自变量或调整指数）来适应不同的环境和情景，具有较高的灵活性。② 更符合实际。STIRPAT 模型考虑了随机误差项的影响，使得预测结果更加符合实际情况。③ 解释性强。STIRPAT 模型通过回归分析人口、经济发展和技术等因素对环境的影响，结果易于解释和理解。

（2）STIRPAT 模型的缺点

STIRPAT 模型的缺点包括：① 参数设定不全面。虽然 STIRPAT 模型考虑了人口、经济发展和技术 3 个主要因素，但可能忽略了其他重要因素，如政策变化、国际贸易等，这可能导致预测结果不够全面。② 缺少全面考虑污染物排放的复杂关系和反馈机制。③ 由于数据获取和处理的限制，模型结果可能存在一定的不确定性。

因此，在使用该模型时需要谨慎考虑其适用性和局限性，并结合其他方法和数据综合进行结果分析。

6.1.4 STIRPAT 模型的适用范围

STIRPAT 模型具有广泛的应用领域,如碳排放预测、污染物排放分析、环境保护与可持续发展评估等。

(1) 碳排放预测

在碳排放预测方面,STIRPAT 模型可以用于分析不同因素,如人口增长、经济发展、技术进步等对碳排放的影响,并预测未来碳排放的发展趋势。

(2) 污染物排放分析

在污染物排放分析方面,STIRPAT 模型可以帮助识别主要污染物和影响因素,为制定排放策略提供参考。

(3) 环境保护与可持续发展评估

STIRPAT 模型可以帮助分析环境政策的有效性,并基于模型结果提出环境规划建议,探讨经济发展与环境可持续性之间的平衡。

6.2 安徽省碳排放预测模型的构建

6.2.1 模型指标选择依据

(1) Kaya 恒等式原理

Kaya 恒等式由日本学者 Yoichi Kaya 于 1989 年在 IPCC 研讨会上首次提出,用于碳排放驱动因素的识别研究。Kaya 恒等式将碳排放、能源消费总量、经济总量、人口等一些相关因素,用简单明了的数学关系式加以描述,被广泛应用于碳排放核算和因素分解等问题。

$$GHG = \frac{GHG}{TOE} \times \frac{TOE}{GDP} \times \frac{GDP}{POP} \times POP$$
$$= f \times e \times g \times P \qquad (6\text{-}2)$$

式中　GHG——CO_2排放量;

TOE——一次能源消费总量;

GDP——国内生产总值;

POP——人口;

f——能源碳强度,反映一个国家或地区的能源结构情况;

e——能源强度,代表一个国家或地区的技术水平;

g——人均 GDP，代表一个国家的富裕程度；

P——某地区人口总量，代表一个地区的规模水平。

利用这个恒等式，就可以对安徽省碳排放的相关影响因素进行情景设置，预测安徽省碳达峰的时间。

根据以上分析，安徽省碳排放的影响因素包括能源结构、技术水平、富裕程度和人口规模等 4 个因素。

（2）STIRPAT 标准模型

STIRPAT 模型的基础模型只是通过人口、富裕程度和技术水平 3 个变量来衡量对环境的影响程度，无法全面衡量环境因素的影响，因此必须对原来的模型进行拓展。

（3）文献依据

依据姚明秀（2023）、程澍（2023）等学者的相关研究，对安徽省碳排放的 STIRPAT 模型进行拓展，选择的指标如下。

① 人口（P）

人口代表了一个地区碳排放的规模，人口越多，消费产生的碳排放就越大。本研究中，人口采用"安徽省常住人口"表示。

② 富裕程度（A）

依据 Kaya 模型，采用人均 GDP 表示一个地区的富裕程度。为消除历年物价变动对 GDP 核算数据的影响，采用"人均 GDP（1978 年＝100）"的统计数据进行分析。

③ 技术水平（T）

依据相关研究，技术水平（T）用单位 GDP 能耗表示，其计算公式为：

$$单位\ GDP\ 能耗 = \frac{总能耗（t\ 标准煤）}{国内生产总值（万元）} \tag{6-3}$$

④ 产业结构（S）

第二产业是能源消费的主要来源，第二产业属于高耗能产业，能源强度相对较高，对碳排放具有较高的影响。因此，模型中引入产业结构指标。

依据相关研究，以第二产业在三大产业中所占的比重表示。第二产业的比重与碳排放成正比，第二产业比重越高，碳排放应该越多。

⑤ 能源碳强度（C）

化石能源的消费是碳排放的主要来源，目前世界上的化石能源主要是指煤炭、石油、天然气 3 种资源。

由于石油是世界主流能源，在我国能源消费结构中所占的比例比较稳定（18％左右），天然气属于清洁能源，因此，本研究采用煤炭在一次能源消费中的占比表示能源碳强度。

煤炭在一次能源消费中所占的比例越高,能源碳强度越大,碳排放量也越大。反之,煤炭在一次能源消费中所占的比例越小,能源碳强度会越小,碳排放量将降低。

⑥ 城镇化(U)

随着城镇化的进程,城镇人口比例增加,人们的生活水平提高,用能水平将显著增加,这会导致碳排放的增加。

基于以上分析,本研究将传统的 STIRPAT 模型改为以下形式:

$$\mathrm{CO_2} = \alpha\, P^b A^c T^d S^f C^g U^h e \tag{6-4}$$

式中　$\mathrm{CO_2}$——安徽省的碳排放量;

　　　α——模型的系数;

　　　b、c、d、f、g、h——各变量相应的指数;

　　　e——随机误差项。

为减少 STIRPAT 模型中异方差的影响,在实际计算时需要对式(6-4)进行对数变换。

$$\ln \mathrm{CO_2} = \ln \alpha + b\ln P + c\ln A + d\ln T + f\ln S + g\ln C + h\ln U + \ln e \tag{6-5}$$

6.2.2　数据预处理

由于计量经济分析需要较长的时间序列,因此本研究选择 2000—2023 年共24 年的数据进行计量分析,旨在取得较好的分析效果。

由于统计数据来源的限制,在对相关数据进行整理分析时,对数据的加工处理做如下说明。

① 煤炭占一次能源消费总量的计算。2000—2004 年煤炭在一次能源消费中的占比数据缺失。采用 2005 年、2010 年、2015 年的数据,对 2000 年煤炭消费占比利用灰色均值 GM(1,1)模型进行预测。在预测的基础上,对 2001—2004年的煤炭消费占比数据利用插值法确定。

② 为了消除物价上涨带来的 GDP 和人均 GDP 数据计算上的不准确性,采用以 1978 年的 GDP 为基期的指数代表 2000—2023 年的 GDP 和人均 GDP 数据用于计算。

③ $\mathrm{CO_2}$排放量计算。在煤炭消费量预测基础上,采用同样的方法预测石油、天然气等能源消费占比,对 $\mathrm{CO_2}$ 的排放量进行计算。

在以上分析的基础上,得到整理后的原始数据,具体如表 6-1 所示。

表 6-1　STIRPAT 模型基础数据

年份	①CO₂ 排放量/万 t	②人口/万人 (P)	③人均 GDP (1978 年=100) (A)	能源消费量/万 t 标准煤	GDP (1978 年=100)	④能源强度 (T)	⑤产业结构/% (S)	⑥煤炭在一次能源消费中的占比/% (C)	⑦城镇化水平/% (U)
2000	12 299.84	6 093	678.9	4 878.82	885.3	5.510 9	34.0	91.1	28.00
2001	12 694.30	6 128	736.6	5 118.33	966.7	5.294 6	35.9	90.6	29.30
2002	13 024.78	6 144	805.8	5 315.97	1 062.4	5.003 7	35.2	90.1	30.70
2003	13 108.95	6 163	879.1	5 457.09	1 162.3	4.695 1	36.2	89.6	32.00
2004	14 629.92	6 228	981.1	6 016.89	1 306.4	4.605 7	36.0	89.0	33.50
2005	16 147.44	6 120	1 092.9	6 505.98	1 450.1	4.486 6	38.7	88.6	35.50
2006	17 591.42	6 110	1 242.6	7 069.39	1 632.8	4.329 6	40.8	88.2	37.10
2007	19 099.24	6 118	1 417.8	7 739.33	1 863.0	4.154 2	42.5	87.7	38.70
2008	19 707.79	6 135	1 593.6	8 325.40	2 097.7	3.968 8	44.1	87.2	40.50
2009	20 347.18	6 131	1 800.8	8 895.90	2 372.5	3.749 6	45.3	86.7	42.10
2010	21 288.20	5 957	2 088.9	9 414.00	2 711.8	3.471 5	48.3	86.2	43.20
2011	23 124.71	5 968	2 400.1	10 570.23	3 075.2	3.437 2	50.3	82.2	44.80
2012	24 784.36	5 978	2 664.1	11 357.95	3 419.6	3.321 4	50.4	80.6	46.30
2013	25 343.02	5 988	2 935.8	11 696.39	3 771.8	3.101 0	49.7	78.8	47.87

表6-1(续)

年份	①CO$_2$排放量/万 t	②人口/万人 (P)	③人均 GDP (1978 年=100) (A)	能源消费量/万 t 标准煤	GDP (1978 年=100)	④能源强度 (T)	⑤产业结构/% (S)	⑥煤炭在一次能源消费中的占比/% (C)	⑦城镇化水平/% (U)
2014	26 255.70	5 997	3 200.0	12 011.02	4 118.8	2.916 1	48.8	77.9	49.31
2015	26 909.90	6 011	3 472.0	12 301.23	4 477.1	2.747 6	45.5	77.1	50.97
2016	27 039.48	6 033	3 767.1	12 662.89	4 871.1	2.599 6	43.8	75.1	52.62
2017	26 750.98	6 057	4 076.0	13 018.71	5 290.0	2.461 0	42.7	72.5	54.29
2018	26 514.48	6 076	4 385.8	13 294.71	5 713.2	2.327 0	41.4	70.9	55.65
2019	27 711.03	6 092	4 688.4	13 869.73	6 130.3	2.262 5	40.6	70.2	57.02
2020	30 158.08	6 105	4 847.8	14 697.90	6 357.1	2.312 0	40.0	69.8	58.33
2021	30 808.75	6 113	5 240.5	15 342.63	6 878.4	2.230 6	40.5	67.7	59.39
2022	32 090.23	6 127	5 413.4	15 882.66	7 119.1	2.231 0	41.3	67.6	60.15
2023	32 742.90	6 121	5 591.5	16 440.00	7 367.4	2.231 4	40.1	66.4	61.51

注:2023 年安徽省能源消费量、GDP、人均 GDP、煤炭消费占比数据为灰色均值 GM(1,1) 预测值。2006—2009 年间的煤炭消费占比依据插值法推算。

6.2.3 安徽省碳达峰 STIRPAT 预测模型的确定

（1）计算数据整理

将表 6-1 的数据取对数后，得到用于计算的数据，见表 6-2。

表 6-2 取对数处理后的数据

年份	ln CO$_2$	ln P	ln A	ln T	ln S	ln C	ln U
2000	9.417 3	8.714 9	6.520 5	1.706 7	3.526 4	4.512 0	3.332 2
2001	9.448 9	8.720 6	6.602 0	1.666 7	3.580 7	4.506 5	3.377 6
2002	9.474 6	8.723 2	6.691 8	1.610 2	3.561 0	4.500 9	3.424 3
2003	9.481 1	8.726 3	6.778 9	1.546 5	3.589 1	4.495 4	3.465 7
2004	9.590 8	8.736 8	6.888 7	1.527 3	3.583 5	4.488 6	3.511 5
2005	9.689 5	8.719 3	6.996 6	1.501 1	3.655 8	4.484 1	3.569 5
2006	9.775 2	8.717 7	7.125 0	1.465 5	3.708 7	4.479 6	3.613 6
2007	9.857 4	8.719 0	7.256 9	1.424 1	3.749 5	4.473 9	3.655 8
2008	9.888 8	8.721 8	7.373 8	1.378 5	3.786 5	4.468 2	3.701 3
2009	9.920 7	8.721 1	7.496 0	1.321 6	3.813 3	4.462 5	3.740 0
2010	9.965 9	8.692 3	7.644 4	1.244 6	3.877 4	4.456 7	3.765 8
2011	10.048 7	8.694 2	7.783 3	1.234 7	3.918 0	4.409 2	3.802 2
2012	10.118 0	8.695 8	7.887 6	1.200 4	3.920 0	4.389 5	3.835 1
2013	10.140 3	8.697 5	7.984 7	1.131 7	3.906 0	4.366 9	3.868 5
2014	10.175 6	8.699 0	8.070 9	1.070 2	3.887 7	4.355 4	3.898 1
2015	10.200 2	8.701 3	8.152 5	1.010 7	3.817 7	4.345 1	3.931 2
2016	10.205 1	8.705 0	8.234 1	0.955 4	3.779 6	4.318 8	3.963 1
2017	10.194 3	8.709 0	8.312 9	0.900 6	3.754 2	4.283 6	3.994 3
2018	10.185 4	8.712 1	8.386 1	0.844 6	3.723 3	4.261 3	4.019 1
2019	10.229 6	8.714 7	8.452 8	0.816 5	3.703 8	4.251 3	4.043 4
2020	10.314 0	8.716 9	8.486 3	0.838 1	3.688 9	4.245 6	4.066 1
2021	10.335 6	8.718 2	8.564 2	0.802 3	3.701 3	4.215 1	4.084 1
2022	10.376 3	8.720 5	8.596 6	0.802 4	3.720 9	4.213 6	4.096 8
2023	10.396 4	8.719 5	8.629 0	0.802 6	3.691 4	4.195 7	4.119 2

（2）回归方程的初步检验

采用表 6-2 的数据，以 $\ln CO_2$ 为因变量，以其他变量为自变量进行线性回归分析，得到回归方程的系数，具体如表 6-3 所示。

表 6-3　回归方程系数检验

变量	未标准化系数		标准化系数	t	显著性	共线性统计	
	B	标准误	β			容差	VIF
常量	3.031	7.187		0.422	0.679		
$\ln P$	−0.771	0.781	−0.028	−0.988	0.337	0.135	7.388
$\ln A$	0.929	0.205	2.070	4.534	0.000	0.001	1 933.339
$\ln T$	1.521	0.192	1.489	7.924	0.000	0.003	327.393
$\ln S$	−0.416	0.166	−0.153	−2.504	0.023	0.029	34.741
$\ln C$	0.665	0.369	0.230	1.800	0.090	0.007	151.150
$\ln U$	0.877	0.332	0.682	2.642	0.017	0.002	617.945

① 共线性检验结果

由计量经济学理论可知，方差膨胀因子 VIF>10 表明因素之间的共线性很强。由表 6-2 结果可知，由于建立回归方程的因素之间的共线性很强，因此应该采用岭回归方法进行回归方程的拟合，牺牲部分信息，降低方程的精度，确定回归方程中各个变量的系数。

② 显著性检验结果

显著性检验结果表明，安徽省人口（P）与 CO_2 排放量之间不存在显著的相关关系，为防止回归方程的过度拟合，应将人口变量从回归方程中删除。

（3）岭回归结果分析

采用 SPSSPRO 对表 6-2 中的数据进行岭回归。依据岭回归理论可知，选择岭回归模型的原则是：① 当标准化系数和趋于稳定时；② 惩罚系数 K 最小，K 值越大，回归方程损失的信息越多。

软件智能分析表明，当 $K=0.08$ 时，标准化系数和趋于稳定。岭回归分析结果如表 6-4 所示。

依据表 6-4 可知：① F 值通过了 1% 水平的显著性检验，表明回归方程整体具有显著性意义；② 方程调整的 $R^2=0.984$，方程拟合优度良好；③ 各个自变量的 t 检验值显著大于 2，且通过了 1% 显著性水平检验，表明各个变量都通过了显著性检验。

表 6-4　岭回归分析结果($K=0.08$)

变量	非标准化系数		标准化系数	t	P	R^2	调整的 R^2	F
	B	标准误	β					
常数	8.332	0.502	—	16.611	0.000***			
$\ln T$	−0.167	0.022	−0.163	−7.635	0.000***			
$\ln A$	0.109	0.004	0.244	26.833	0.000***	0.987	0.984	275.269
$\ln C$	−0.544	0.085	−0.188	−6.372	0.000***			(0.000***)
$\ln U$	0.368	0.030	0.286	12.460	0.000***			
$\ln S$	0.533	0.071	0.196	7.464	0.000***			

注：*** 代表 1% 的显著性水平。

基于以上分析，可以得到安徽省碳排放的预测方程如下。

$$\ln CO_2 = 8.332 + 0.109\ln A - 0.167\ln T + 0.533\ln S - 0.544\ln C + 0.368\ln U \tag{6-6}$$

6.2.4　预测方程的精度检验

（1）检验标准

利用估计的预测方程［式（6-6）］，分析 2000—2023 年的预测值与实际值的相对误差，分析构建的预测方程的预测能力。碳排放的预测值依据式（6-6）计算。

$$k \text{ 时刻的预测相对误差 } \Delta_k = \frac{|\text{实际值}-\text{预测值}|}{\text{实际值}} \tag{6-7}$$

$$\text{预测平均相对误差 } \alpha = \frac{\sum_1^n \Delta_k}{n} \tag{6-8}$$

依据刘思峰所著的《灰色系统理论及其应用》（第 9 版）可知，当预测平均相对误差值 $\alpha < 0.01$ 时，称为一级预测精度；当预测平均相对误差值 $\alpha < 0.05$ 时，称为二级预测精度；当预测平均相对误差值 $\alpha < 0.1$ 时，称为三级预测精度；当预测平均相对误差值 $\alpha < 0.2$ 时，称为四级预测精度。

（2）预测方程精度检验结果

依据以上精度检验标准，对安徽省碳排放 2000—2023 年的预测精度进行检验，检验结果如表 6-5 所示。

表 6-5　取对数处理后的结果

年份	$\ln CO_2$ 实际值	$\ln CO_2$ 预测值	绝对误差	相对误差
2000	9.417 3	9.409 0	0.008 292	0.000 880
2001	9.448 9	9.473 2	0.024 313	0.002 573
2002	9.474 6	9.502 2	0.027 569	0.002 910
2003	9.481 1	9.555 5	0.074 405	0.007 848
2004	9.590 6	9.588 2	0.002 552	0.000 266
2005	9.689 5	9.666 7	0.022 787	0.002 352
2006	9.775 2	9.733 5	0.041 674	0.004 263
2007	9.857 4	9.795 2	0.062 206	0.006 311
2008	9.888 8	9.855 1	0.033 683	0.003 406
2009	9.920 7	9.909 6	0.011 134	0.001 122
2010	9.965 9	9.985 4	0.019 515	0.001 958
2011	10.048 7	10.063 1	0.014 384	0.001 431
2012	10.118 0	10.104 1	0.013 930	0.001 377
2013	10.140 3	10.143 3	0.002 951	0.000 291
2014	10.175 6	10.170 3	0.005 288	0.000 520
2015	10.200 2	10.169 6	0.030 583	0.002 998
2016	10.205 1	10.193 5	0.011 614	0.001 138
2017	10.194 3	10.228 3	0.034 019	0.003 337
2018	10.185 4	10.250 4	0.065 037	0.006 385
2019	10.229 6	10.266 4	0.036 789	0.003 596
2020	10.314 2	10.270 0	0.044 254	0.004 291
2021	10.335 6	10.314 2	0.021 359	0.002 067
2022	10.376 3	10.333 7	0.042 608	0.004 106
2023	10.396 4	10.339 4	0.056 952	0.005 478

注:平均相对误差为 0.002 954。

　　由表 6-5 可知,本研究建立的预测方程[式(6-6)]相对误差为 $\alpha = 0.002\ 954 <$ 0.01,预测精度达到一级预测精度,预测精度高,可以用建立的预测方程进行安徽省碳达峰时间的预测。

6.3 安徽省未来发展情景设置

6.3.1 人均GDP

（1）情景设置

① 基准的确定

依据《安徽省国民经济和社会发展第十四个五年规划和2035年远景目标纲要》和《安徽省2023年国民经济和社会发展统计公报》可知，2020—2025年，安徽省人均GDP年均增长目标为5.6%左右；以1978年为基期等于100计算人均GDP，近5年来，安徽省实际人均GDP平均增速为5.4%。

因此，保守起见，2023年以5.5%设计人均GDP基准发展情景，以6.0%设计人均GDP发展的高增长情景，以5.0%设计人均GDP发展的低增长情景。

② 降低速度的设定

我国经济发展已经进入新的发展阶段，由原来的高速增长阶段转向高质量发展阶段。因此，未来安徽省经济的发展速度将会降低，转向高质量发展新阶段。依据姚明秀等（2023）相关学者的研究，设定未来每年匀速下降0.1%。

（2）各发展情景预测结果

依据以上情景假设，可以预测安徽省人均GDP指标2024—2050年的数据，具体如表6-6所示。

表6-6 安徽省人均GDP预测结果

年份	高增长率/%	高增长情景预测结果（1978年=100）	基准增长率/%	基准增长情景预测结果（1978年=100）	低增长率/%	低增长情景预测结果（1978年=100）
2023	6.0	5 591.5	5.5	5 591.5	5.0	5 591.5
2024	5.9	5 921.4	5.4	5 893.4	4.9	5 865.5
2025	5.8	6 264.8	5.3	6 205.8	4.8	6 147.0
2026	5.7	6 621.9	5.2	6 528.5	4.7	6 435.9
2027	5.6	6 992.8	5.1	6 861.4	4.6	6 732.0
2028	5.5	7 377.4	5.0	7 204.5	4.5	7 034.9
2029	5.4	7 775.7	4.9	7 557.5	4.4	7 344.5

表6-6(续)

年份	高增长率/%	高增长情景预测结果(1978年=100)	基准增长率/%	基准增长情景预测结果(1978年=100)	低增长率/%	低增长情景预测结果(1978年=100)
2030	5.3	8 187.9	4.8	7 920.3	4.3	7 660.3
2031	5.2	8 613.6	4.7	8 292.6	4.2	7 982.0
2032	5.1	9 052.9	4.6	8 674.0	4.1	8 309.3
2033	5.0	9 505.6	4.5	9 064.3	4.0	8 641.6
2034	4.9	9 971.3	4.4	9 463.2	3.9	8 978.7
2035	4.8	10 450.0	4.3	9 870.1	3.8	9 319.9
2036	4.7	10 941.1	4.2	10 284.6	3.7	9 664.7
2037	4.6	11 444.4	4.1	10 706.3	3.6	10 012.6
2038	4.5	11 959.4	4.0	11 134.6	3.5	10 363.1
2039	4.4	12 485.6	3.9	11 568.8	3.4	10 715.4
2040	4.3	13 022.5	3.8	12 008.4	3.3	11 069.0
2041	4.2	13 569.4	3.7	12 452.7	3.2	11 423.2
2042	4.1	14 125.8	3.6	12 901.0	3.1	11 777.3
2043	4.0	14 690.8	3.5	13 352.6	3.0	12 130.7
2044	3.9	15 263.8	3.4	13 806.6	2.9	12 482.5
2045	3.8	15 843.8	3.3	14 262.2	2.8	12 832.0
2046	3.7	16 430.0	3.2	14 718.6	2.7	13 178.4
2047	3.6	17 021.5	3.1	15 174.8	2.6	13 521.1
2048	3.5	17 617.2	3.0	15 630.1	2.5	13 859.1
2049	3.4	18 216.2	2.9	16 083.4	2.4	14 191.7
2050	3.3	18 817.4	2.8	16 533.7	2.3	14 518.1

6.3.2 单位 GDP 能耗(T)

(1)情景设置依据

依据表 6-1 中单位 GDP 能耗数据,可以得到 2000—2023 年的安徽省能源强度发展演变趋势图,具体如图 6-1 所示。

由图 6-1 可知:

① 在研究期间,安徽省能源强度在逐步降低,表明技术呈进步趋势。

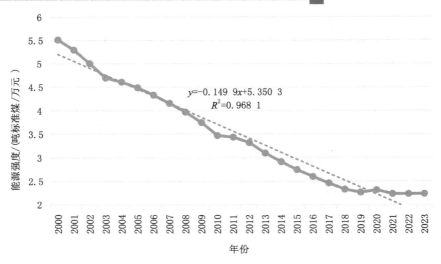

图 6-1 2000—2023 年安徽省能源强度变化趋势图

② 能源强度下降速度逐年变小。从 2019 年开始,安徽省单位 GDP 能耗下降的速度明显减缓。

计算表明,近 10 年间(2013—2023 年),安徽省能源强度年均下降率为 3.35%;近 8 年间(2015—2023 年),安徽省能源强度年均下降率为 2.6%;近 5 年间(2018—2023 年),安徽省能源强度年均下降率为 0.8%;近 3 年间(2020—2023 年),安徽省能源强度年均下降率为 1.2%。

因此,采用 1.5%、1.3%、1.1% 作为未来高降速、基准降速和低减速的标准。依据姚明秀等(2023)相关学者的研究,将单位 GDP 能耗年均下降率设为 0.04%。

(2)预测结果

依据情景设置规则,对 2023—2050 年安徽省单位 GDP 能耗下降速度进行具体的情景设置计算,在此基础上做出单位 GDP 能耗的预测计算,具体情况如表 6-7 所示。

表 6-7 安徽省单位 GDP 能耗预测结果

年份	高降速情景 /%	高下降率 预测结果	基准降速 情景/%	基准下降率 预测结果	低降速 情景/%	低下降率 预测结果
2023	1.50	2.231	1.30	2.231	1.10	2.231
2024	1.46	2.198	1.26	2.203	1.06	2.207
2025	1.42	2.167	1.22	2.176	1.02	2.185

表6-7(续)

年份	高降速情景/%	高下降率预测结果	基准降速情景/%	基准下降率预测结果	低降速情景/%	低下降率预测结果
2026	1.38	2.137	1.18	2.150	0.98	2.163
2027	1.34	2.109	1.14	2.126	0.94	2.143
2028	1.30	2.081	1.10	2.102	0.90	2.124
2029	1.26	2.055	1.06	2.080	0.86	2.106
2030	1.22	2.030	1.02	2.059	0.82	2.088
2031	1.18	2.006	0.98	2.039	0.78	2.072
2032	1.14	1.983	0.94	2.020	0.74	2.057
2033	1.10	1.961	0.90	2.001	0.70	2.042
2034	1.06	1.941	0.86	1.984	0.66	2.029
2035	1.02	1.921	0.82	1.968	0.62	2.016
2036	0.98	1.902	0.78	1.953	0.58	2.005
2037	0.94	1.884	0.74	1.938	0.54	1.994
2038	0.90	1.867	0.70	1.925	0.50	1.984
2039	0.86	1.851	0.66	1.912	0.46	1.975
2040	0.82	1.836	0.62	1.900	0.42	1.966
2041	0.78	1.822	0.58	1.889	0.38	1.959
2042	0.74	1.808	0.54	1.879	0.34	1.952
2043	0.70	1.795	0.50	1.869	0.30	1.946
2044	0.66	1.784	0.46	1.861	0.26	1.941
2045	0.62	1.772	0.42	1.853	0.22	1.937
2046	0.58	1.762	0.38	1.846	0.18	1.933
2047	0.54	1.753	0.34	1.840	0.14	1.931
2048	0.50	1.744	0.30	1.834	0.10	1.929
2049	0.46	1.736	0.26	1.829	0.06	1.928
2050	0.42	1.729	0.22	1.825	0.02	1.927

6.3.3 产业结构(S)

(1)发展情景设定

依据表6-1中安徽省第二产业在GDP中所占的比重数据,可以绘制安徽省第二产业比重趋势图,具体如图 6-2 所示。

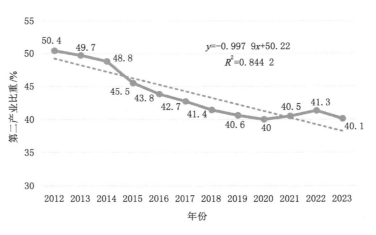

$y=-0.997\ 9x+50.22$
$R^2=0.844\ 2$

图 6-2 2012—2023 年安徽省第二产业发展趋势图

从下降梯度看:2012—2023 年,每增加 1 年,安徽省第二产业比重平均下降 0.997 9 个百分点。

从年均下降比率看:近 14 年间(2010—2023 年),每增加 1 年,第二产业比重年平均下降 2%;近 10 年间(2014—2023 年),每增加 1 年,第二产业比重年平均下降 1.85%;近 5 年间(2019—2023 年),每增加 1 年,第二产业比重年平均下降 0.072%。由此可见,第二产业比重年下降率有降低的趋势。

我国"两个一百年"奋斗目标指出,到 2035 年基本实现社会主义现代化,再奋斗 15 年(2050 年)把我国建成富强民主文明和谐美丽的社会主义现代化强国。2023 年,美国第二产业的比重约为 18%,日本约为 20%,我国与这些发达国家还存在一定的差距。

基于以上情况设定:

① 初始年度(2023 年)安徽省第二产业比重年平均下降的高降速、基准降速和低降速的开始梯度分别为 -1.3、-1.0、-0.7;

② 年下降比率设定为 -2%,即下一年的下降梯度变小,仅为上一年的 98%。

(2)预测结果

依据设置的发展情景,对安徽省产业结构进行预测,得到 2023—2050 年安徽省第二产业比重的预测结果,如表 6-8 所示。

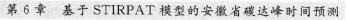

表 6-8　安徽省产业结构情景设置及结果预测

年份	高降速情景	高降速预测结果	基准降速情景	基准降速预测结果	低降速情景	低降速预测结果
2023	−1.30	40.10	−1.00	40.10	−0.70	40.10
2024	−1.27	38.80	−0.98	39.10	−0.69	39.40
2025	−1.25	37.53	−0.96	38.12	−0.67	38.71
2026	−1.22	36.28	−0.94	37.16	−0.66	38.04
2027	−1.20	35.05	−0.92	36.22	−0.65	37.38
2028	−1.18	33.85	−0.90	35.30	−0.63	36.74
2029	−1.15	32.68	−0.89	34.39	−0.62	36.10
2030	−1.13	31.53	−0.87	33.51	−0.61	35.48
2031	−1.11	30.40	−0.85	32.64	−0.60	34.88
2032	−1.08	29.29	−0.83	31.79	−0.58	34.28
2033	−1.06	28.21	−0.82	30.95	−0.57	33.70
2034	−1.04	27.15	−0.80	30.14	−0.56	33.13
2035	−1.02	26.11	−0.78	29.34	−0.55	32.57
2036	−1.00	25.09	−0.77	28.55	−0.54	32.02
2037	−0.98	24.09	−0.75	27.78	−0.53	31.48
2038	−0.96	23.11	−0.74	27.03	−0.52	30.95
2039	−0.94	22.15	−0.72	26.29	−0.51	30.43
2040	−0.92	21.21	−0.71	25.57	−0.50	29.93
2041	−0.90	20.28	−0.70	24.86	−0.49	29.43
2042	−0.89	19.38	−0.68	24.16	−0.48	28.94
2043	−0.87	18.49	−0.67	23.48	−0.47	28.47
2044	−0.85	17.63	−0.65	22.81	−0.46	28.00
2045	−0.83	16.78	−0.64	22.16	−0.45	27.54
2046	−0.82	15.94	−0.63	21.52	−0.44	27.09
2047	−0.80	15.13	−0.62	20.89	−0.43	26.65
2048	−0.78	14.33	−0.60	20.27	−0.42	26.22
2049	−0.77	13.54	−0.59	19.67	−0.41	25.80
2050	−0.75	12.77	−0.58	19.08	−0.41	25.38

6.3.4 能源碳强度(C)

（1）情景设置

安徽省正在对能源消费进行低碳转型，大力发展新能源产业，因此煤炭的消费占比呈直线下降趋势，具体如图 6-3 所示。

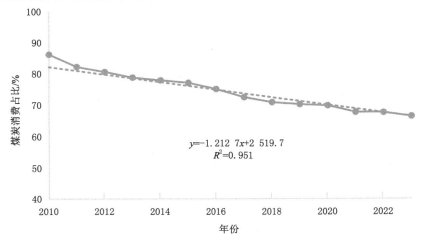

$$y=-1.212\ 7x+2\ 519.7$$
$$R^2=0.951$$

图 6-3　煤炭在安徽省一次能源消费中的占比

由图 6-3 中的回归方程可以得出以下结论。

① 从下降梯度看

2010—2023 年间每增加 1 年，煤炭消费占比将降低 1.21 个百分点。同理可以求出，近 10 年间（2014—2023 年）每增加 1 年，煤炭消费占比将降低 1.11 个百分点；近 5 年间（2019—2023 年）每增加 1 年，煤炭消费占比降低 1.08 个百分点。由此可见，随着安徽省新能源建设场地等条件的限制，新能源发展受到一定的限制，降低煤炭比重越来越难。

② 从下降比率上看

24 年间（2000—2023 年），每增加 1 年，煤炭消费占比平均下降 1.513 个百分点；近 15 年间（2009—2023 年），每增加 1 年，煤炭消费占比平均下降 1.953 个百分点；近 10 年间（2014—2023 年），每增加 1 年，煤炭消费占比平均下降 1.818 个百分点；近 5 年间（2019—2023 年），每增加 1 年，煤炭消费占比平均下降 1.433 个百分点。

基于以上分析，设定安徽省的能源结构初始年度高降速、基准降速和低降速分别为 −1.1、−1.0、−0.9；年均降低速度设定为 1.5%。

（2）预测结果

依据安徽省能源结构的情景设置，可以得到安徽省未来能源结构预测数据，具体如表 6-9 所示。

表 6-9　安徽省能源结构预测

年份	高降速情景	高降速预测结果	基准降速情景	基准降速预测结果	低降速情景	低降速预测结果
2023	−1.10	66.40	−1.00	66.40	−0.90	66.40
2024	−1.08	65.30	−0.99	65.40	−0.89	65.50
2025	−1.07	64.22	−0.97	64.42	−0.87	64.61
2026	−1.05	63.15	−0.96	63.44	−0.86	63.74
2027	−1.04	62.10	−0.94	62.49	−0.85	62.88
2028	−1.02	61.06	−0.93	61.55	−0.83	62.03
2029	−1.00	60.04	−0.91	60.62	−0.82	61.20
2030	−0.99	59.04	−0.90	59.71	−0.81	60.38
2031	−0.97	58.05	−0.89	58.81	−0.80	59.57
2032	−0.96	57.07	−0.87	57.92	−0.79	58.77
2033	−0.95	56.11	−0.86	57.05	−0.77	57.98
2034	−0.93	55.17	−0.85	56.19	−0.76	57.21
2035	−0.92	54.24	−0.83	55.34	−0.75	56.45
2036	−0.90	53.32	−0.82	54.51	−0.74	55.70
2037	−0.89	52.42	−0.81	53.69	−0.73	54.96
2038	−0.88	51.52	−0.80	52.88	−0.72	54.23
2039	−0.86	50.65	−0.79	52.08	−0.71	53.51
2040	−0.85	49.78	−0.77	51.29	−0.70	52.81
2041	−0.84	48.93	−0.76	50.52	−0.69	52.11
2042	−0.83	48.10	−0.75	49.76	−0.68	51.42
2043	−0.81	47.27	−0.74	49.01	−0.67	50.75
2044	−0.80	46.46	−0.73	48.27	−0.66	50.08
2045	−0.79	45.66	−0.72	47.54	−0.65	49.43
2046	−0.78	44.87	−0.71	46.82	−0.64	48.78
2047	−0.77	44.09	−0.70	46.12	−0.63	48.15
2048	−0.75	43.32	−0.69	45.42	−0.62	47.52
2049	−0.74	42.57	−0.68	44.74	−0.61	46.90
2050	−0.73	41.83	−0.66	44.06	−0.60	46.30

6.3.5 城镇化水平(U)

（1）城镇化发展情景设置依据

发达国家的城市化经验表明，城镇化在达到50%之前是前期阶段，从50%到70%是中期阶段，从70%到80%是后期阶段。城镇化水平达到80%即标志着城镇化的完成[①]。

依据表6-1，可以得到2000—2023年安徽省城镇化发展的时间演变趋势，具体如图6-4所示。

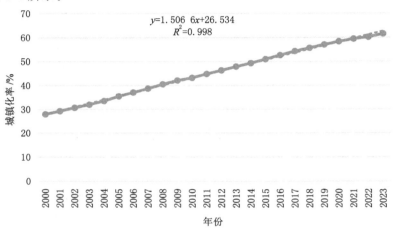

$$y=1.506\ 6x+26.534$$
$$R^2=0.998$$

图6-4　2000—2023年安徽省城镇化发展趋势图

由图6-4可以得出以下结论。

① 初始梯度的设定

在24年间（2000—2023年），每增加1年，安徽省城镇化率平均提高1.506 6个百分点（见回归方程）；近15年间（2009—2023年），每增加1年，安徽省城镇化率平均提高1.436个百分点；近10年间（2014—2023年），每增加1年，安徽省城镇化率平均提高1.34个百分点；近5年间（2019—2023年），每增加1年，安徽省城镇化率平均提高1.2个百分点；用3年的数据进行回归发现，每增加1年，安徽省城镇化率平均提高1个百分点。

以上分析表明，安徽省城镇化上升速度在下降，年增长梯度在减弱。因此，

---

① 张车伟：《人口与劳动绿皮书：中国人口与劳动问题报告 No.19》，社会科学文献出版社2018年版。

将 1.0、0.8、0.6 分别设定为未来高速增长、基准增长和低速增长的梯度起点。

② 增长速度的设定

在 24 年间(2000—2023 年),安徽省城镇化年平均增长率为 3.455%;近 15 年间(2009—2023 年),安徽省城镇化年平均增长率为 2.786 9%;近 10 年间(2014—2023 年),安徽省城镇化年平均增长率为 2.42%;近 5 年间(2019—2023 年)的数据表明,安徽省城镇化年平均增长率为 1.823 2%;用 3 年的数据进行回归发现,安徽省城镇化年平均增长率为 1.753 7%。

以上分析表明:安徽省城镇化年增长率也在降低。设定年增长速度降低率为 -2%。

(2) 安徽省城镇化预测结果

依据以上情景设置,预测安徽省未来城镇化发展情况如表 6-10 所示。

表 6-10　安徽省未来城镇化发展情况预测结果

年份	高速增长情景	高速增长预测结果	基准增长情景	基准增长预测结果	低速增长情景	低速增长预测结果
2023	1.00	61.51	0.80	61.51	0.60	61.51
2024	0.98	62.51	0.78	62.31	0.59	62.11
2025	0.96	63.49	0.77	63.09	0.58	62.70
2026	0.94	64.45	0.75	63.86	0.56	63.27
2027	0.92	65.39	0.74	64.62	0.55	63.84
2028	0.90	66.31	0.72	65.35	0.54	64.39
2029	0.89	67.22	0.71	66.08	0.53	64.93
2030	0.87	68.10	0.69	66.78	0.52	65.47
2031	0.85	68.97	0.68	67.48	0.51	65.99
2032	0.83	69.82	0.67	68.16	0.50	66.50
2033	0.82	70.66	0.65	68.83	0.49	67.00
2034	0.80	71.47	0.64	69.48	0.48	67.49
2035	0.78	72.27	0.63	70.12	0.47	67.97
2036	0.77	73.06	0.62	70.75	0.46	68.44
2037	0.75	73.83	0.60	71.36	0.45	68.90
2038	0.74	74.58	0.59	71.97	0.44	69.35
2039	0.72	75.32	0.58	72.56	0.43	69.80
2040	0.71	76.04	0.57	73.14	0.43	70.23

表6-10(续)

年份	高速增长情景	高速增长预测结果	基准增长情景	基准增长预测结果	低速增长情景	低速增长预测结果
2041	0.70	76.75	0.56	73.70	0.42	70.66
2042	0.68	77.45	0.54	74.26	0.41	71.07
2043	0.67	78.13	0.53	74.81	0.40	71.48
2044	0.65	78.80	0.52	75.34	0.39	71.88
2045	0.64	79.45	0.51	75.86	0.38	72.27
2046	0.63	80.09	0.50	76.38	0.38	72.66
2047	0.62	80.72	0.49	76.88	0.37	73.04
2048	0.60	81.34	0.48	77.37	0.36	73.41
2049	0.59	81.94	0.47	77.85	0.35	73.77
2050	0.58	82.53	0.46	78.33	0.35	74.12

6.4 安徽省碳排放情景预测

6.4.1 典型碳排放情景探讨

在给定的安徽省碳排放预测模型中,5个自变量各有3种发展情景模式,因此安徽省碳排放共有243(3×3×3×3×3＝243)种不同的碳排放情景组合模式。

由安徽省碳排放的预测方程[式(6-6)]可知,在安徽省碳排放量各个影响因素中,影响力由大到小的排列顺序为:能源结构＞产业结构＞城镇化水平＞能源强度＞人均GDP水平。

因此,要实现安徽省碳达峰,能源结构、产业结构、城镇化是需要重点治理的对象。

为了讨论方便,选择其中低碳发展模式、基准发展模式、理想发展模式、粗放发展模式、技术进步模式等5种典型碳排放情景进行预测。这5种组合情景的情况具体如表6-11所示。

表 6-11　碳排放 5 种典型情景分析

序号	情景组合	人均 GDP（A）	单位 GDP 能耗（T）	产业结构（S）	能源碳强度（C）	城镇化（U）
1	低碳发展模式	低增长	高降速	高降速	高梯度下降	低速发展
2	基准发展模式	基准增长	基准降速	基准降速	基准下降	基准发展
3	理想发展模式	高增长	高降速	高降速	高梯度下降	高速发展
4	粗放发展模式	高增长	低降速	低降速	低梯度下降	高速发展
5	技术进步模式	基准增长	高降速	基准降速	高梯度下降	基准发展

6.4.2　低碳发展模式情景预测

（1）低碳发展模式的内涵

所谓低碳发展模式，就是以低碳排放为控制目标，牺牲一定的经济发展，贯彻生态优先的发展原则，将影响安徽省碳排放的各个指标因素的发展情景均设定为有利于降低碳排放的情景下，来探索安徽省碳达峰的时间、峰值。

具体情景设置为：人均 GDP 低速发展＋能源强度高降速＋产业结构快速优化＋能源碳强度快速降低＋城镇化低速发展。

（2）低碳发展模式情景预测结果

依据情景设定，将相关的数据代入预测方程［式（6-6）］，可以得到安徽省 2023—2050 年的碳排放，具体如表 6-12、图 6-5 所示。

表 6-12　低碳发展模式下安徽省碳达峰预测结果

年份	A	$\ln A$	T	$\ln T$	S	$\ln S$	C	$\ln C$	U	$\ln U$	$\ln CO_2$
2023	5 591.5	8.629 0	2.231	0.802 4	40.10	3.691 4	66.40	4.195 7	61.51	4.119 2	10.442 9
2024	5 865.5	8.676 8	2.198	0.787 5	38.80	3.658 4	65.30	4.179 0	62.11	4.128 9	10.445 7
2025	6 147.0	8.723 7	2.167	0.773 3	37.53	3.625 1	64.22	4.162 3	62.70	4.138 4	10.448 0
2026	6 435.9	8.769 6	2.137	0.759 4	36.28	3.591 3	63.15	4.145 5	63.27	4.147 4	10.449 8
2027	6 732.5	8.814 9	2.109	0.746 2	35.05	3.556 8	62.09	4.128 7	63.84	4.156 5	10.451 0
2028	7 034.9	8.858 6	2.081	0.732 8	33.85	3.521 9	61.06	4.111 9	64.39	4.165 0	10.451 7
2029	**7 344.5**	**8.901 7**	**2.055**	**0.720 3**	**32.68**	**3.486 8**	**60.04**	**4.095 0**	**64.93**	**4.173 3**	**10.452 0**
2030	7 660.3	8.943 8	2.030	0.708 0	31.53	3.450 9	59.04	4.078 2	65.47	4.181 6	10.451 7
2031	7 982.0	8.984 9	2.006	0.696 1	30.40	3.414 4	58.05	4.061 3	65.99	4.189 5	10.450 8
2032	8 309.3	9.025 1	1.983	0.684 6	29.29	3.377 2	57.07	4.044 3	66.50	4.197 2	10.449 4

表6-12(续)

年份	A	$\ln A$	T	$\ln T$	S	$\ln S$	C	$\ln C$	U	$\ln U$	$\ln CO_2$
2033	8 641.6	9.064 3	1.961	0.673 5	28.21	3.339 7	56.11	4.027 3	67.00	4.204 7	10.447 5
2034	8 978.7	9.102 6	1.941	0.663 2	27.15	3.301 4	55.17	4.010 4	67.49	4.212 0	10.444 8
2035	9 319.9	9.139 9	1.921	0.652 8	26.11	3.262 3	54.24	3.993 4	67.97	4.219 1	10.441 6
2036	9 664.7	9.176 2	1.902	0.642 9	25.09	3.222 5	53.32	3.976 3	68.44	4.226 0	10.437 8
2037	10 012.6	9.211 6	1.884	0.633 4	24.09	3.181 8	52.42	3.959 3	68.90	4.232 7	10.433 3
2038	10 363.1	9.246 0	1.867	0.624 3	23.11	3.140 3	51.52	3.942 0	69.35	4.239 2	10.428 2
2039	10 715.4	9.279 4	1.851	0.615 7	22.15	3.097 8	50.65	3.924 9	69.80	4.245 6	10.422 2
2040	11 069.0	9.311 9	1.836	0.607 6	21.21	3.054 5	49.78	3.907 6	70.23	4.251 8	10.415 6
2041	11 423.2	9.343 4	1.822	0.599 9	20.28	3.009 6	48.93	3.890 4	70.66	4.257 9	10.407 9
2042	11 777.3	9.373 9	1.808	0.592 2	19.38	2.964 2	48.10	3.873 3	71.07	4.263 7	10.399 7
2043	12 130.7	9.403 5	1.795	0.585 0	18.49	2.917 2	47.27	3.855 9	71.48	4.269 4	10.390 6
2044	12 482.5	9.432 1	1.784	0.578 9	17.63	2.869 6	46.46	3.838 6	71.88	4.275 0	10.380 7
2045	12 832.0	9.459 7	1.772	0.572 1	16.78	2.820 2	45.66	3.821 2	72.27	4.280 4	10.369 9
2046	13 178.4	9.486 3	1.762	0.566 4	15.94	2.768 8	44.87	3.803 8	72.66	4.285 8	10.357 7
2047	13 521.1	9.512 0	1.753	0.561 3	15.13	2.716 7	44.09	3.786 2	73.04	4.291 0	10.344 9
2048	13 859.1	9.536 7	1.744	0.556 2	14.33	2.662 4	43.32	3.768 6	73.41	4.296 1	10.330 8
2049	14 191.7	9.560 4	1.736	0.551 6	13.54	2.605 6	42.57	3.751 1	73.77	4.301 0	10.315 1
2050	14 518.1	9.583 2	1.729	0.547 5	12.77	2.547 1	41.83	3.733 6	74.12	4.305 7	10.298 1

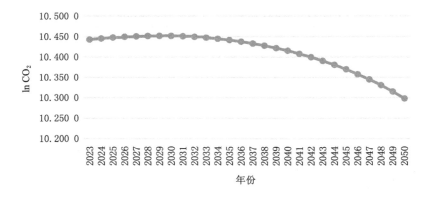

图 6-5　低碳发展模式下安徽省碳达峰预测结果

由预测结果可知：

① 在低碳发展模式下，安徽省碳达峰可以在 2029 年实现。

② 碳达峰的峰值为：

低碳发展模式下碳达峰的峰值＝$e^{10.4520}$＝34 614.93（万 t）

6.4.3　基准发展模式情景预测

（1）基准发展模式的内涵

基准发展模式就是维持现有各个指标发展变化趋势不变。具体情景设定：各个指标的情景全部设定为基准模式，用于预测安徽省碳达峰的时间和峰值。

（2）基准发展模式情景预测结果

依据情景设定，将相关的指标预测数据代入预测方程［式（6-6）］，可以得到安徽省 2023—2050 年的碳排放，具体如表 6-13、图 6-6 所示。

表 6-13　基准发展模式下安徽省碳达峰预测结果

年份	A	$\ln A$	T	$\ln T$	S	$\ln S$	C	$\ln C$	U	$\ln U$	$\ln CO_2$
2023	5 591.5	8.63	2.231	0.80	40.10	3.69	66.40	4.20	61.51	4.12	10.442 9
2024	5 893.4	8.68	2.203	0.79	39.10	3.67	65.40	4.18	62.31	4.13	10.450 3
2025	6 205.8	8.73	2.176	0.78	38.12	3.64	64.42	4.17	63.09	4.14	10.457 3
2026	6 528.5	8.78	2.150	0.77	37.16	3.62	63.44	4.15	63.86	4.16	10.464 2
2027	6 861.4	8.83	2.126	0.75	36.22	3.59	62.49	4.14	64.62	4.17	10.470 4
2028	7 204.5	8.88	2.102	0.74	35.30	3.56	61.55	4.12	65.35	4.18	10.476 4
2029	7 557.5	8.93	2.080	0.73	34.39	3.54	60.62	4.10	66.08	4.19	10.481 8
2030	7 920.3	8.98	2.059	0.72	33.51	3.51	59.71	4.09	66.78	4.20	10.487 0
2031	8 292.6	9.02	2.039	0.71	32.64	3.49	58.81	4.07	67.48	4.21	10.491 7
2032	8 674.0	9.07	2.020	0.70	31.79	3.46	57.92	4.06	68.16	4.22	10.496 2
2033	9 064.3	9.11	2.001	0.69	30.95	3.43	57.05	4.04	68.83	4.23	10.500 1
2034	9 463.2	9.16	1.984	0.69	30.14	3.41	56.19	4.03	69.48	4.24	10.503 9
2035	9 870.1	9.20	1.968	0.68	29.34	3.38	55.34	4.01	70.12	4.25	10.507 2
2036	10 284.6	9.24	1.953	0.67	28.55	3.35	54.51	4.00	70.75	4.26	10.509 9
2037	10 706.3	9.28	1.938	0.66	27.78	3.32	53.69	3.98	71.36	4.27	10.512 5
2038	11 134.6	9.32	1.925	0.65	27.03	3.30	52.88	3.97	71.97	4.28	10.514 7
2039	11 568.8	9.36	1.912	0.65	26.29	3.27	52.08	3.95	72.56	4.28	10.516 5
2040	12 008.4	9.39	1.900	0.64	25.57	3.24	51.29	3.94	73.14	4.29	10.518 1

表6-13(续)

年份	A	$\ln A$	T	$\ln T$	S	$\ln S$	C	$\ln C$	U	$\ln U$	$\ln CO_2$
2041	12 452.7	9.43	1.889	0.64	24.86	3.21	50.52	3.92	73.70	4.30	10.519 1
2042	12 901.0	9.47	1.879	0.63	24.16	3.18	49.76	3.91	74.26	4.31	10.519 6
2043	**13 352.6**	**9.50**	**1.869**	**0.63**	**23.48**	**3.16**	**49.01**	**3.89**	**74.81**	**4.31**	**10.520 0**
2044	13 806.6	9.53	1.861	0.62	22.81	3.13	48.27	3.88	75.34	4.32	10.519 8
2045	14 262.2	9.57	1.853	0.62	22.16	3.10	47.54	3.86	75.86	4.33	10.519 5
2046	14 718.6	9.60	1.846	0.61	21.52	3.07	46.82	3.85	76.38	4.34	10.518 8
2047	15 174.8	9.63	1.84	0.61	20.89	3.04	46.12	3.83	76.88	4.34	10.517 4
2048	15 630.1	9.66	1.834	0.61	20.27	3.01	45.42	3.82	77.37	4.35	10.515 7
2049	16 083.4	9.69	1.829	0.60	19.67	2.98	44.74	3.80	77.85	4.35	10.513 7
2050	16 533.7	9.71	1.825	0.60	19.08	2.95	44.06	3.79	78.33	4.36	10.511 5

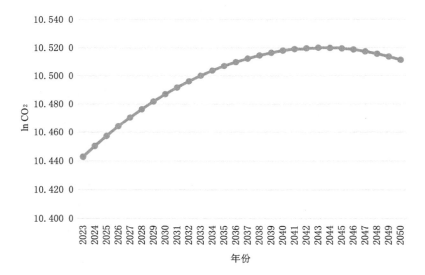

图 6-6　基准发展模式下安徽省碳达峰预测结果

由预测结果可知:

① 在基准发展模式下,安徽省碳达峰可以在2043年实现。

② 在基准发展模式下,安徽省碳达峰的峰值为:

$$基准发展模式下碳达峰的峰值 = e^{10.52} = 37\ 050.11(万\ t)$$

6.4.4　理想发展模式情景预测

（1）理想发展模式的内涵

理想发展模式就是发展经济、城镇化的同时，兼顾技术进步、产业优化升级、能源结构优化，各项工作都得到了兼顾发展，是比较理想的状态。

（2）理想发展模式情景预测结果

依据情景设定，将相关的指标预测数据代入预测方程［式（6-6）］，可以得到安徽省 2023—2050 年的理想发展模式下的碳排放，具体如表 6-14、图 6-7 所示。

表 6-14　理想发展模式下安徽省碳达峰预测结果

年份	A	ln A	T	ln T	S	ln S	C	ln C	U	ln U	ln CO$_2$
2023	5 591.5	8.63	2.231	0.80	40.10	3.69	66.40	4.20	61.51	4.12	10.442 9
2024	5 921.4	8.69	2.198	0.79	38.80	3.66	65.30	4.18	62.51	4.14	10.449 1
2025	6 264.8	8.74	2.167	0.77	37.53	3.63	64.22	4.16	63.49	4.15	10.454 7
2026	6 621.9	8.80	2.137	0.76	36.28	3.59	63.15	4.15	64.45	4.17	10.459 8
2027	6 992.8	8.85	2.109	0.75	35.05	3.56	62.10	4.13	65.39	4.18	10.464 0
2028	7 377.4	8.91	2.081	0.73	33.85	3.52	61.06	4.11	66.31	4.19	10.467 9
2029	7 775.7	8.96	2.055	0.72	32.68	3.49	60.04	4.10	67.22	4.21	10.471 2
2030	8 187.9	9.01	2.030	0.71	31.53	3.45	59.04	4.08	68.10	4.22	10.473 7
2031	8 613.6	9.06	2.006	0.70	30.40	3.41	58.05	4.06	68.97	4.23	10.475 7
2032	9 052.9	9.11	1.983	0.68	29.29	3.38	57.07	4.04	69.82	4.25	10.477 0
2033	**9 505.6**	**9.16**	**1.961**	**0.67**	**28.21**	**3.34**	**56.11**	**4.03**	**70.66**	**4.26**	**10.477 8**
2034	9 971.3	9.21	1.941	0.66	27.15	3.30	55.17	4.01	71.47	4.27	10.477 7
2035	10 450.0	9.25	1.921	0.65	26.11	3.26	54.24	3.99	72.27	4.28	10.477 0
2036	10 941.1	9.30	1.902	0.64	25.09	3.22	53.32	3.98	73.06	4.29	10.475 7
2037	11 444.4	9.35	1.884	0.63	24.09	3.18	52.42	3.96	73.83	4.30	10.473 6
2038	11 959.4	9.39	1.867	0.62	23.11	3.14	51.52	3.94	74.58	4.31	10.470 9
2039	12 485.6	9.43	1.851	0.62	22.15	3.10	50.65	3.92	75.32	4.32	10.467 3
2040	13 022.5	9.47	1.836	0.61	21.21	3.05	49.78	3.91	76.04	4.33	10.463 0
2041	13 569.4	9.52	1.822	0.60	20.28	3.01	48.93	3.89	76.75	4.34	10.457 6
2042	14 125.8	9.56	1.808	0.59	19.38	2.96	48.10	3.87	77.45	4.35	10.451 7

表6-14(续)

年份	A	ln A	T	ln T	S	ln S	C	ln C	U	ln U	ln CO₂
2043	14 690.8	9.59	1.795	0.59	18.49	2.92	47.27	3.86	78.13	4.36	10.444 7
2044	15 263.8	9.63	1.784	0.58	17.63	2.87	46.46	3.84	78.80	4.37	10.437 0
2045	15 843.8	9.67	1.772	0.57	16.78	2.82	45.66	3.82	79.45	4.38	10.428 3
2046	16 430	9.71	1.762	0.57	15.94	2.77	44.87	3.80	80.09	4.38	10.418 1
2047	17 021.5	9.74	1.753	0.56	15.13	2.72	44.09	3.79	80.72	4.39	10.407 4
2048	17 617.2	9.78	1.744	0.56	14.33	2.66	43.32	3.77	81.34	4.40	10.395 3
2049	18 216.2	9.81	1.736	0.55	13.54	2.61	42.57	3.75	81.94	4.41	10.381 6
2050	16 533.7	9.71	1.729	0.55	12.77	2.55	41.83	3.73	82.53	4.41	10.352 4

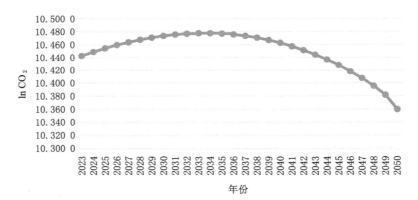

图 6-7　理想发展模式下安徽省碳达峰预测结果

由预测结果可知，

① 在理想发展模式下，安徽省碳达峰可以在 2033 年实现。

② 在理想发展模式下，安徽省碳达峰的峰值为：

理想发展模式下碳达峰的峰值 $= e^{10.477\,8} = 35\,516.84$（万 t）

6.4.5　粗放发展模式情景预测

（1）粗放发展模式的内涵

粗放发展模式就是安徽省贯彻经济优先发展原则，忽视其他方面的发展，在发展经济的同时，无法兼顾其他方面的发展，放任自流。

具体情景设置为：人均 GDP、城镇化 2 个指标高速发展；能源强度、产业结构、能源结构的优化选择低速发展。

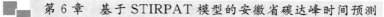

（2）粗放发展模式情景预测结果

依据情景设定，将相关的指标预测数据代入预测方程［式（6-6）］，可以得到安徽省 2023—2050 年间在粗放发展模式下的碳排放，具体如表 6-15、图 6-8 所示。

表 6-15　粗放发展模式下的安徽省碳达峰预测结果

年份	A	ln A	T	ln T	S	ln S	C	ln C	U	ln U	ln CO_2
2023	5 591.5	8.63	2.231	0.802	40.10	3.69	66.40	4.20	61.51	4.12	10.442 9
2024	5 921.4	8.69	2.207	0.792	39.40	3.67	65.50	4.18	62.51	4.14	10.455 0
2025	6 264.8	8.74	2.185	0.782	38.71	3.66	64.61	4.17	63.49	4.15	10.466 7
2026	6 621.9	8.80	2.163	0.771	38.04	3.64	63.74	4.15	64.45	4.17	10.478 1
2027	6 992.8	8.85	2.143	0.762	37.38	3.62	62.88	4.14	65.39	4.18	10.489 1
2028	7 377.4	8.91	2.124	0.753	36.74	3.60	62.03	4.13	66.31	4.19	10.499 9
2029	7 775.7	8.96	2.106	0.745	36.10	3.59	61.20	4.11	67.22	4.21	10.510 1
2030	8 187.9	9.01	2.088	0.736	35.48	3.57	60.38	4.10	68.10	4.22	10.520 2
2031	8 613.6	9.06	2.072	0.729	34.88	3.55	59.57	4.09	68.97	4.23	10.530 0
2032	9 052.9	9.11	2.057	0.721	34.28	3.53	58.77	4.07	69.82	4.25	10.539 3
2033	9 505.6	9.16	2.042	0.714	33.70	3.52	57.98	4.06	70.66	4.26	10.548 6
2034	9 971.3	9.21	2.029	0.708	33.13	3.50	57.21	4.05	71.47	4.27	10.557 4
2035	10 450.0	9.25	2.016	0.701	32.57	3.48	56.45	4.03	72.27	4.28	10.565 9
2036	10 941.1	9.30	2.005	0.696	32.02	3.47	55.70	4.02	73.06	4.29	10.574 1
2037	11 444.4	9.35	1.994	0.690	31.48	3.45	54.96	4.01	73.83	4.30	10.582 1
2038	11 959.4	9.39	1.984	0.685	30.95	3.43	54.23	3.99	74.58	4.31	10.589 8
2039	12 485.6	9.43	1.975	0.681	30.43	3.42	53.51	3.98	75.32	4.32	10.597 2
2040	13 022.5	9.47	1.966	0.676	29.93	3.40	52.81	3.97	76.04	4.33	10.604 4
2041	13 569.4	9.52	1.959	0.672	29.43	3.38	52.11	3.95	76.75	4.34	10.611 3
2042	14 125.8	9.56	1.952	0.669	28.94	3.37	51.42	3.94	77.45	4.35	10.618 0
2043	14 690.8	9.59	1.946	0.666	28.47	3.35	50.75	3.93	78.13	4.36	10.624 4
2044	15 263.8	9.63	1.941	0.663	28.00	3.33	50.08	3.91	78.80	4.37	10.630 6
2045	15 843.8	9.67	1.937	0.661	27.54	3.32	49.43	3.90	79.45	4.38	10.636 4
2046	16 430.0	9.71	1.933	0.659	27.09	3.30	48.78	3.89	80.09	4.38	10.642 1
2047	17 021.5	9.74	1.931	0.658	26.65	3.28	48.15	3.87	80.72	4.39	10.647 4
2048	17 617.2	9.78	1.929	0.657	26.22	3.27	47.52	3.86	81.34	4.40	10.652 7

表6-15(续)

年份	A	ln A	T	ln T	S	ln S	C	ln C	U	ln U	ln CO_2
2049	18 216.2	9.81	1.928	0.656	25.80	3.25	46.90	3.85	81.94	4.41	10.657 7
2050	18 817.4	9.84	1.927	0.656	25.38	3.23	46.30	3.84	82.53	4.41	10.662 3

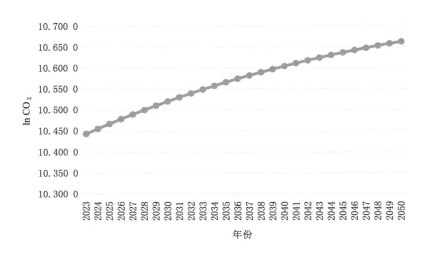

图 6-8　粗放发展模式下安徽省碳达峰预测结果

由预测结果可知,在粗放发展模式下,2023—2050 年间,碳排放量持续增加,安徽省在 2050 年内无法实现碳达峰。

因此,安徽省为了响应国家 2030 年碳达峰的号召,不能采用粗放发展模式。

6.4.6　技术进步模式情景预测

（1）技术进步模式的内涵

所谓技术进步模式,就是安徽省注重科学研究,技术进步导致能源强度快速下降、新能源技术发展导致能源结构快速改变,经济发展等其他指标维持基准规模的发展。

具体情景设置为:能源强度（T）高降速,能源碳强度（C）高降速,其他指标维持基准速度发展。

（2）技术进步模式情景预测结果

依据情景设定,将相关的指标预测数据代入预测方程［式（6-6）］,可以得到 2023—2050 年的安徽省碳排放,具体如表 6-16、图 6-9 所示。

表 6-16　技术进步模式下安徽省碳达峰预测结果

年份	A	$\ln A$	T	$\ln T$	S	$\ln S$	C	$\ln C$	U	$\ln U$	$\ln CO_2$
2023	5 591.5	8.63	2.231	0.80	40.10	3.69	66.40	4.20	61.51	4.12	10.442 9
2024	5 893.4	8.68	2.198	0.79	39.10	3.67	65.30	4.18	62.31	4.13	10.451 5
2025	6 205.8	8.73	2.167	0.77	38.12	3.64	64.22	4.16	63.09	4.14	10.459 8
2026	6 528.5	8.78	2.137	0.76	37.16	3.62	63.15	4.15	63.86	4.16	10.467 7
2027	6 861.4	8.83	2.109	0.75	36.22	3.59	62.10	4.13	64.62	4.17	10.475 2
2028	7 204.5	8.88	2.081	0.73	35.30	3.56	61.06	4.11	65.35	4.18	10.482 4
2029	7 557.5	8.93	2.055	0.72	34.39	3.54	60.04	4.10	66.08	4.19	10.489 2
2030	7 920.3	8.98	2.030	0.71	33.51	3.51	59.04	4.08	66.78	4.20	10.495 6
2031	8 292.6	9.02	2.006	0.70	32.64	3.49	58.05	4.06	67.48	4.21	10.501 6
2032	8 674.0	9.07	1.983	0.68	31.79	3.46	57.07	4.04	68.16	4.22	10.507 4
2033	9 064.3	9.11	1.961	0.67	30.95	3.43	56.11	4.03	68.83	4.23	10.512 7
2034	9 463.2	9.16	1.941	0.66	30.14	3.41	55.17	4.01	69.48	4.24	10.517 6
2035	9 870.1	9.20	1.921	0.65	29.34	3.38	54.24	3.99	70.12	4.25	10.522 3
2036	10 284.6	9.24	1.902	0.64	28.55	3.35	53.32	3.98	70.75	4.26	10.526 5
2037	10 706.3	9.28	1.884	0.63	27.78	3.32	52.42	3.96	71.36	4.27	10.530 4
2038	11 134.6	9.32	1.867	0.62	27.03	3.30	51.52	3.94	71.97	4.28	10.534 2
2039	11 568.8	9.36	1.851	0.62	26.29	3.27	50.65	3.92	72.56	4.28	10.537 3
2040	12 008.4	9.39	1.836	0.61	25.57	3.24	49.78	3.91	73.14	4.29	10.540 3
2041	12 452.7	9.43	1.822	0.60	24.86	3.21	48.93	3.89	73.7	4.30	10.542 7
2042	12 901.0	9.47	1.808	0.59	24.16	3.18	48.10	3.87	74.26	4.31	10.544 8
2043	13 352.6	9.50	1.795	0.59	23.48	3.16	47.27	3.86	74.81	4.31	10.546 7
2044	13 806.6	9.53	1.784	0.58	22.81	3.13	46.46	3.84	75.34	4.32	10.548 0
2045	14 262.2	9.57	1.772	0.57	22.16	3.10	45.66	3.82	75.86	4.33	10.549 2
2046	14 718.6	9.60	1.762	0.57	21.52	3.07	44.87	3.80	76.38	4.34	10.550 0
2047	**15 174.8**	**9.63**	**1.753**	**0.56**	**20.89**	**3.04**	**44.09**	**3.79**	**76.88**	**4.34**	**10.550 3**
2048	15 630.1	9.66	1.744	0.56	20.27	3.01	43.32	3.77	77.37	4.35	10.550 2
2049	16 083.4	9.69	1.736	0.55	19.67	2.98	42.57	3.75	77.85	4.35	10.549 9
2050	16 533.7	9.71	1.729	0.55	19.08	2.95	41.83	3.73	78.33	4.36	10.549 1

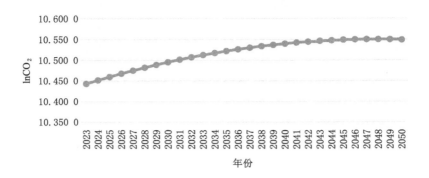

图 6-9　技术进步模式下安徽省碳达峰预测结果

由表 6-16、图 6-9 预测结果可知：

① 在技术进步发展模式下，安徽省碳达峰可以在 2047 年实现。

② 在技术进步发展模式下，安徽省碳达峰的峰值为：

技术进步发展模式下的碳达峰的峰值＝$e^{10.5503}$＝38 187.70（万 t）

6.5　本章小结

本章以 2000—2023 年的相关数据为基础，以 STIRPAT 模型为研究方法，构建安徽省碳排放预测模型，对安徽省碳达峰的时间、峰值和达峰路径进行测算。本章得到如下结论。

① 安徽省碳排放预测方程如下。

$$\ln CO_2 = 8.332 + 0.109\ln A - 0.167\ln T + 0.533\ln S - 0.544\ln C + 0.368\ln U$$

方程的各项检验符合规范，该方程的预测精度达到一级预测精度，可以用它进行下一步预测。

② 由预测方程的系数可知，在安徽省碳排放量各个影响因素中，影响力由大到小的排列顺序为：能源结构＞产业结构＞城镇化水平＞能源强度＞人均 GDP 水平。

因此，安徽省要实现碳达峰，能源结构、产业结构、城镇化是需要重点治理的对象。

③ 安徽省在 2030 年前实现碳达峰是可能的。在低碳发展模式下，安徽省可以在 2029 年实现碳达峰，碳排放的峰值为 34 614.93 万 t。

碳达峰的具体情景路径如下。

a. 人均 GDP 保持低速高质量发展。具体参数设置：2023 年设置 5% 增长情景，未来每年匀速下降 0.1%。

b. 能源强度高速下降。具体参数设置：2023 年采用 1.5% 作为高降速起始标准，然后年均下降 0.04%，这将以技术进步为基础。

c. 产业结构快速优化。具体参数设置：初始年度（2023 年）安徽省第二产业年下降的开始梯度为 −1.3%，每年第二产业下降梯度降低 −2%。

d. 能源结构快速优化。具体参数设置：安徽省的能源结构 2023 年度下降梯度为 −1.1，以后每年年均降低速度设定为 1.5%，新能源得到快速发展和应用。

e. 城镇化保持低速发展。具体参数设置：2023 年城镇化保持 0.6% 的速度增长，然后每年增长速度降低 2%。

④ 在理想发展模式下，安徽省碳达峰的时间为 2033 年，峰值为 35 516.84 万 t；在基准发展模式下，安徽省碳达峰的时间为 2043 年，峰值为 37 050.11 万 t；在技术进步发展模式下，安徽省碳达峰的时间为 2047 年，峰值为 38 187.70 万 t；在粗放发展模式下，安徽省 2050 年前无法实现碳达峰。

⑤ 安徽省为了实现碳达峰，必须采取如下综合保障措施，从多个方面着手，才能取得良好的效果。

a. 注重技术进步。努力降低能源强度，减少经济发展对能源的依赖程度；通过新能源技术进步，大力发展和应用新能源才能有效优化能源结构，降低能源中的碳含量；技术进步也可以提高能源利用效率，减少能源的消耗，为碳达峰提供基础技术。

b. 优化产业结构。工业是能源消费大户，应注重优化产业结构，让第二产业的比重降下来；同时注意工业结构的调整，让工业内部产业结构更加科学合理，为降低能耗提供空间；应注意工业产业的集约式发展，关停并转一些老旧破小企业，提高工业生产的集约化水平，有利于行业技术进步，为节能提供空间。

c. 注重经济、社会、生态的平衡发展。适当降低经济（人均 GDP）和社会发展（城镇化）的速度，将经济社会的发展由发展速度向发展质量转变，大力发展新质生产力。

第7章 基于 LEAP 模型的
安徽省碳达峰预测

LEAP(Long-range Energy Alternatives Planning System,长期能源替代规划系统)模型,是斯德哥尔摩环境研究所与美国波士顿大学联合研发的一种自下而上的能源消耗核算工具。

该模型通常采用情景分析法,从能源消耗终端技术参数出发,根据人口、经济水平和城镇化等一系列活动水平情况,并结合各部门的能源强度与能源结构等因素,来预测不同情景下的能源消耗和温室气体排放情况。

LEAP 模型已广泛应用于国家、城市和行业的中长期能源环境规划,还能预测不同规划情景下的能源供需状况,并计算能源消耗过程中产生的温室气体排放量。

本章采用 LEAP 模型对安徽省碳达峰问题进行研究,并将预测结果与 EKC 碳达峰预测结果、STIRPAT 模型预测结果进行相互印证,共同探讨安徽省碳达峰的时间、峰值、路径等情况。

7.1 LEAP 模型概述

7.1.1 原理

LEAP 模型将研究区域的碳排放来源从用能系统角度计算,能源消耗总量等于终端部门(农业、工业、建筑业、交通业、服务业、居民生活)能源消耗量与加工转换系统消耗量。能源消耗类型分为煤炭、石油、天然气和电力 4 种,再根据相应的活动水平和能源强度,最后结合各类能源的碳排放因子,对研究区域的碳排放进行测算和预测。

本章构建了针对安徽省的 LEAP-Anhui 模型。本研究开始时,《安徽统计年鉴》数据更新至 2022 年,以 2022 年为基准年,2023 年为预测模型的第一年,2060 年为目标年,时间跨度为 2023—2060 年,计算公式如下:

$$C = N + M = \sum A_{ij} \times B \tag{7-1}$$

式中　C——碳排放总量;

　　　N——终端部门碳排放量;

　　　M——加工转换部门碳排放量;

　　　A——各类能源的消费总量;

　　　i——部门类型;

　　　j——能源类型;

　　　B——各类能源的排放因子。

7.1.2　优缺点

(1) 优点

LEAP 模型具有如下 3 个方面的优点。

① 灵活性高。根据研究对象特点和数据可得性等,可应用于不同尺度、不同行业的能源需求与规划、碳达峰等领域的研究。

② 数据要求低。LEAP 模型对初始数据要求相对不高,数据收集相对简单,计算原理易懂。

③ 情景分析能力强。可创建多种能源系统演变情景,可以评估单个政策及多项政策结合时的影响,从而制定科学合理的能源政策。

(2) 缺点

LEAP 模型具有 2 个方面的缺点。

① 结果不确定性。模型预测结果受多种因素影响,如假设条件、数据质量及相关指标的主观设定等,在不同情景和参数设置下的结果差异较大,因此预测的结果可能存在变化。

② 动态性考虑不足。LEAP 模型主要研究中长期能源系统变化,对短期波动和快速变化的因素及各因素间动态反馈机制考虑有限,在应对短期能源市场变化等问题时存在明显的不足。

7.1.3 适用性

LEAP 模型主要在如下 3 个方面具有应用优势。

① 能源需求规划。它可以对城市、地区和国家的能源系统进行综合规划，并且全面考虑能源的产生、转换和消费各个环节，其中包括电力、热力、燃气等多种能源形式，以此来制定长期的能源供应战略，确保能源安全和可持续发展。

② 碳排放核算与减排分析。LEAP 能够评估不同行业（如工业、交通、建筑等）、不同能源消费活动产生的碳排放，通过构建不同的减排情景，如提高可再生能源使用比例、提升能源效率等措施，模拟预测碳减排的效果，用以制定研究区域的低碳发展策略。

③ 政策评估。LEAP 模型能够对能源补贴政策、可再生能源配额制这类能源相关政策在能源系统与环境方面所产生的影响予以评估，预先知晓政策可能带来的潜在效应，进而优化政策的规划与设计，使其更具科学性与前瞻性，为能源领域的政策制定与完善提供有力的决策依据与技术支撑。

7.2 安徽省未来发展情景设置

7.2.1 情景设置说明

根据陆彪等（2024）学者的相关研究，以及安徽省经济、社会、能源消费、技术进步等相关要素的发展情况，本研究设计了安徽省未来三种发展情景，分别为基准发展情景、政策发展情景和低碳发展情景。三种情景的相关内涵说明如下。

（1）基准发展情景

基准情景指的是不采取任何政策措施干预，按照当前发展现状顺势外推未来可能的发展路径。基准情景各参数发展速率延续 2016—2022 年的平均值。

（2）政策发展情景

政策发展情景指的是在基准发展情景基础上，结合已发布的《安徽省国民经济和社会发展第十四个五年规划和 2035 年远景目标纲要》《安徽省"十四五"能源发展规划》等一系列规划政策目标，进而探究出安徽省未来可能的发展路径。

具体情景设置为:人口、经济水平、城镇化率 3 个指标高速发展;产业结构中第二产业占比降低速度要快于基准发展情景,但降幅速度低于低碳发展情景;能源强度选择低速发展;能源结构的清洁替代速度与基准发展情景相同。

(3) 低碳发展情景

低碳发展情景指的是在基准发展情景和政策发展情景的基础上,侧重于节能环保的目标,降低各部门的活动水平,并结合《安徽省碳达峰实施方案》《安徽省电力发展“十四五”规划》等政策,继续采取降低能源强度和优化能源结构等一系列低碳措施。

具体情景设置为:人口、经济水平和城镇化率 3 个指标低速发展;产业结构中第二产业占比快速优化;能源强度选择高速降低;能源结构的清洁替代速度加快。

7.2.2　活动水平的参数设置

(1) 人口设置

根据《安徽统计年鉴》(2023),2022 年安徽省常住人口为 6 127 万人,2016—2022 年常住人口年均增长率为 0.255%,人口增长幅度逐年放缓;同时,《安徽省“十四五”人口发展规划》显示,2025 年安徽省常住人口预计达到 6 180 万人。

以此为目标,我们分别将 0.25%、0.285%、0.32% 的增长率设立为低碳发展情景、基准发展情景和政策发展情景的常住人口发展速率,考虑到安徽省常住人口的实际情况,人口发展速率可能会减缓,甚至呈现逆增长的趋势。国家统计局 2023 年的数据显示,中国人口自然增长率为 −0.6%;同时,参考梁建章等(2023)的相关研究,将安徽省人口变化率每 10 年发展速度降低 0.1 个百分点,具体数据如表 7-1 所示。

表 7-1　安徽省常住人口变化速率的设置(2023—2060 年)　　单位:%

年份	低碳发展情景	基准发展情景	政策发展情景
2023—2030	0.25	0.285	0.32
2031—2040	0.15	0.185	0.22
2041—2050	0.05	0.085	0.12
2051—2060	−0.05	−0.015	0.02

依据表 7-1 的情景设置,可以预测安徽省未来常住人口发展情况(2023—2060),具体如表 7-2 所示。

表 7-2　安徽省未来常住人口预测（2023—2060 年）　　单位:万人

年份	低碳发展情景	基准发展情景	政策发展情景
2030	6 250.62	6 268.10	6 285.62
2040	6 345.01	6 385.03	6 425.28
2050	6 376.81	6 439.51	6 502.80
2060	6 345.00	6 429.86	6 515.82

（2）城镇化水平设置

根据《安徽统计年鉴》(2023)，安徽省城镇人口为 3 685.39 万,占 60.15％；农村人口为 2 441.61 万,占比 39.85％。2016—2022 年,安徽省城镇化率年均增长约1.25％,呈现缓慢上升的趋势,并且《安徽省"十四五"人口发展规划》中显示,在2025 年安徽省城镇化率预计达 64％以上,2035 年常住人口城镇化率超 70％。

为此,以 2060 年城镇化率 85％的目标,我们以 1.2％、1.25％、1.3％的增长率分别设立了低碳发展情景、基准发展情景和政策发展情景的三种城镇化发展速度,考虑到城镇化后期发展速率会降低,因此,每 10 年发展速度降低 0.15 个百分点。三种情景下的城镇化水平的发展速率设置,具体如表 7-3 所示。

表 7-3　安徽省城镇化速率的设置（2023—2060 年）　　单位:％

年份	低碳发展情景	基准发展情景	政策发展情景
2023—2030	1.20	1.25	1.30
2031—2040	1.05	1.10	1.15
2041—2050	0.90	0.95	1.00
2051—2060	0.75	0.80	0.85

依据以上情景设置,可以预测安徽省未来城镇化水平发展情况（2023—2060),具体如表 7-4 所示。

表 7-4　安徽省城镇化水平预测（2023—2060 年）　　单位:％

年份	低碳发展情景	基准发展情景	政策发展情景
2030	66.17	66.43	66.70
2040	73.46	74.11	74.78
2050	80.35	81.46	82.60
2060	86.58	88.27	89.90

（3）经济水平设置

《安徽统计年鉴》(2023)显示，2022 年地区生产总值达 45 045.02 亿元，同比增长 5.83%。根据《安徽省国民经济和社会发展第十四个五年规划和 2035 年远景目标纲要》，"十四五"期间安徽省 GDP 年均增长目标定为 6.5% 左右，2035 年经济总量较"十四五"初期翻一番。随着国家新质生产力发展理念的提出，安徽省未来经济增速会逐渐放缓。

为此，以 5.5%、6%、6.5% 的增长率分别设立了低碳发展情景、基准发展情景和政策发展情景三种经济水平发展速率，每 10 年发展速度降低 1.5 个百分点，具体数据如表 7-5 所示。

表 7-5　安徽省经济水平发展速率的设置（2023—2060 年）　　单位：%

年份	低碳发展情景	基准发展情景	政策发展情景
2023—2030	5.5	6.0	6.5
2031—2040	4.0	4.5	5.0
2041—2050	2.5	3.0	3.5
2051—2060	1.0	1.5	2.0

依据以上情景设置，预测安徽省经济水平发展情况（2023—2060 年）如表 7-6 所示。

表 7-6　安徽省经济水平预测（2023—2060 年）　　单位：亿元

年份	低碳发展情景	基准发展情景	政策发展情景
2030	69 129.98	71 794.92	74 549.31
2040	102 329.26	111 495.32	121 432.97
2050	130 990.10	149 840.39	171 293.20
2060	144 694.56	173 895.89	209 905.45

（4）产业结构设置

《安徽统计年鉴》(2023)显示，2022 年安徽省三次产业结构为 7.8：41.3：50.9。2016—2022 年，第一产业占比保持相对稳定，并有轻微下降趋势，年均降幅为 -3.07%；第二产业占比正逐渐缩减，年均降幅为 -0.96%；第三产业占比则呈现出持续且稳定的增长态势，年均增幅为 1.64%。

《安徽省碳达峰实施方案》显示，要在"十四五"期间加快调整产业结构，且"十五五"期间经济结构明显优化，绿色产业比重显著提升。由于安徽省工业大多数属于高能耗类重点企业,所以我们以降低第二产业占比、增加绿色且高经济产出的第三产业占比、重点领域低碳发展模式基本形成为目标,分别设置低碳发展情景、基准发展情景和政策发展情景中的产业结构。产业结构调整后期各产业产值变化幅度减缓,产业结构占比将趋于稳定。

依据以上情景设置,预测安徽省产业发展情况(2023—2060 年)如表 7-7所示。

表 7-7　安徽省三次产业结构预测(2023—2060 年)

年份	低碳发展情景	基准发展情景	政策发展情景
2030	5.8：34.5：59.7	6.1：38.1：55.8	6.0：36.6：57.4
2040	4.3：31.6：64.1	4.7：35.2：60.1	4.5：32.4：63.1
2050	3.2：28.2：68.6	3.8：33.1：63.1	3.5：29.6：66.9
2060	2.5：25.9：71.6	3.3：31.8：64.9	2.9：27.9：69.2

7.2.3　关键参数的设置

根据 LEAP 模型计算原理,将碳排放来源分为终端部门和加工转换部门。其相应能源强度及能源结构的参数设置说明如下。

(1)农业部门参数设置

① 农业能源强度参数设置

根据 2017—2023 年的《中国能源统计年鉴》,2016—2022 年安徽省农业能源强度年均变化幅度为 −3.35%,呈逐年下降的趋势。《安徽省碳达峰实施方案》中指出,要加快农机更新换代,且《安徽省"十四五"能源规划》指出整体能源强度年均变化率为 −2.8%。

因此,采用 −3.0% 作为基准发展情景降速的标准,分别采用 −2.8%、−3.2% 作为政策发展情景和低碳发展情景的降速标准。依据贾晶迪等(2024)的相关研究,将安徽省农业能源强度每 10 年降幅减少 1 个百分点。

② 农业能源结构参数设置

《中国能源统计年鉴》(2023)显示,2022 年安徽省农业能源结构(煤炭：石油：天然气：电力)为 0：70：0：30。《安徽省碳达峰实施方案》指出,加快农机更新换代,减少传统高污染农机,逐步淘汰老旧机械,建设新型农村电网。因此将降低化石能源占比,提高电力占比。

依据以上参数说明,将农业基准发展情景和政策发展情景中的石油占比降低 5%,将电力占比增加 5%;低碳发展情景的能源结构优化速度快于上述两种情景,石油占比降低 8%,电力占比增加 8%。随着能源结构清洁能源替代行动的基本完成,能源结构优化速率会缓慢降低,我们将每 10 年变化幅度降低 1 个百分点,设置后情况具体如表 7-8 所示。

表 7-8　安徽省农业部门主要参数设置

年份	情景	能源强度年均变化率/%	期末能源结构占比 (煤炭:石油:天然气:电力)
2023—2030	S1	−3.0	0:65:0:35
	S2	−2.8	
	S3	−3.2	0:62:0:38
2031—2040	S1	−2.0	0:60:0:40
	S2	−1.8	
	S3	−2.2	0:55:0:45
2041—2050	S1	−1.0	0:57:0:43
	S2	−0.8	
	S3	−1.2	0:52:0:48
2051—2060	S1	0.0	0:53:0:47
	S2	0.2	
	S3	−0.2	0:48:0:52

注:S1 指基准发展情景,S2 指政策发展情景,S3 指低碳发展情景。下同。

（2）工业部门参数设置

① 能源强度参数设置

袁亮（2023）将工业煤炭分为达峰攻坚期（2023—2030 年）、有序优化期（2031—2050 年）和中和达成期（2051—2060 年）。在此基础上,我们将安徽省工业能耗强度变化趋势分为减缓期（2023—2030 年）、降碳期（2031—2050 年）和平稳期（2051—2060 年）3 个阶段。

《中国能源统计年鉴》显示,2016—2022 年安徽省工业能源强度年均变化幅度为 −5.5%,呈逐年下降的趋势。对照《高耗能行业重点领域能效标杆水平和基准水平》等工业领域相关政策,聚焦主要耗能行业,推进工业能效提升。

依据以上信息,对工业部门的能源强度参数设置如下。

在基准发展情景和政策发展情景下,采用快速且平稳的降速标准,在减缓期分别采用 −2.0% 和 −1.5% 的降速标准,在降碳期开始时分别采用 −2.5% 和 −2.0% 的降速标准,在降碳期中期分别采用 −3.0% 和 −2.5% 的降速标准,随后进入平稳期,采用-2.0%和-1.5%的降速标准。

在低碳发展情景中,为在降碳期实现快速降碳,且保证能源强度的合理降幅,我们在减缓期以-0.5%作为降速标准,在降碳期初期采用-3.5%作为减速标准,在降碳期中期采用-3.0%作为降速标准,在平稳期采用-2.0%作为降速标准,来对能源强度进行能效提升。

② 能源结构参数设置

《中国能源统计年鉴》(2023)显示,2022年安徽省工业能源结构(煤炭:石油:天然气:电力)为45:5:10:40。《安徽省工业领域碳达峰实施方案》指出,工业领域需调整优化用能结构来控制煤炭消费增长,推动终端用能电气化来稳步推动"以电代煤""以电代油"。因此,我们将降低工业领域化石能源占比,提高清洁能源占比。

依据以上信息设定:在减缓期时,将基准发展情景和政策发展情景中煤炭、石油和天然气的占比,分别降低5%、1%和2%,电力占比增加8%;在降碳期时,煤炭、石油和天然气的占比,分别降低10%、1%和2%,电力占比增加13%;平稳期变化幅度同减缓期。

在减缓期时,将低碳发展情景中煤炭、石油和天然气的占比,分别降低7%、2%和3%,电力占比增加12%;在降碳期时,煤炭、石油和天然气的占比,分别降低10%、1%和2%,电力占比增加13%;在平稳期时,煤炭、石油和天然气的占比分别降低5%、1%和2%,电力占比增加8%。具体如表7-9所示。

表7-9 安徽省工业部门主要参数设置

年份	情景	能源强度年均变化率/%	期末能源结构 (煤炭:石油:天然气:电力)
2023—2030	S1	-2.0	40:4:8:48
	S2	-1.5	
	S3	-0.5	38:3:7:52
2031—2040	S1	-2.5	30:3:6:61
	S2	-2.0	
	S3	-3.5	28:2:5:65
2041—2050	S1	-3.0	20:2:4:74
	S2	-2.5	
	S3	-3.0	18:1:3:78

表7-9（续）

年份	情景	能源强度年均变化率/%	期末能源结构 （煤炭：石油：天然气：电力）
2051—2060	S1	−2.0	15：1：2：82
	S2	−1.5	
	S3	−2.0	13：0：1：86

（3）建筑业部门参数设置

① 能源强度设置

根据 2017—2023 年的《中国能源统计年鉴》可知，2016—2022 年安徽省建筑业能源强度年均变化幅度为−5.2%，呈逐年下降的趋势。《安徽省碳达峰实施方案》指出，安徽省建筑业需大力发展绿色建筑，提升建筑能效水平，深化可再生能源建筑应用，推动建筑领域全过程绿色低碳转型。

因此，采用−5.0%作为基准发展情景降速的标准，采用−4.0%、−6.0%分别作为政策发展情景和低碳发展情景的降速标准，将建筑业能源强度每 10 年降低 0.4 个百分点。

② 能源结构设置

《中国能源统计年鉴》（2023）显示，2022 年安徽省建筑业能源结构（煤炭：石油：天然气：电力）为 0：75：0：25。《安徽省碳达峰实施方案》指出，安徽省建筑业需优化建筑用能结构，提高建筑终端电气化水平，到 2025 年，新建工业厂房和公共建筑太阳能光伏应用比例达到 50%。因此，我们将降低建筑业石油占比，提高电力占比。

依据以上信息设定：建筑业基准发展情景和政策发展情景中的石油和电力占比，分别降低 10%和增加 10%，随着能源结构清洁能源替代行动的基本完成，能源结构优化速率会缓慢降低，我们将每 10 年变化幅度降低 2 个百分点。低碳发展情景的能源结构优化速度快于上述两种情景，石油占比降低 12%，电力占比增加 12%，变化幅度同基准发展情景，设置情况具体如表 7-10 所示。

表 7-10 安徽省建筑业部门主要参数设置

年份	情景	能源强度年均变化率/%	期末能源结构 （煤炭：石油：天然气：电力）
2023—2030	S1	−5.0	0：72：0：28
	S2	−4.0	
	S3	−6.0	0：70：0：30

表7-10(续)

年份	情景	能源强度年均变化率/%	期末能源结构 (煤炭∶石油∶天然气∶电力)
2031—2040	S1	−4.6	0∶65∶0∶35
	S2	−3.6	
	S3	−5.6	0∶60∶0∶40
2041—2050	S1	−4.2	0∶55∶0∶45
	S2	−3.2	
	S3	−5.2	0∶50∶0∶50
2051—2060	S1	−3.8	0∶50∶0∶50
	S2	−2.8	
	S3	−4.8	0∶45∶0∶55

（4）交通业部门参数设置

① 能源强度参数设置

根据 2017—2023 年《中国能源统计年鉴》可知,2016—2022 年安徽省交通业能源强度年均变化幅度为−3.9%,呈逐年下降的趋势。《安徽省碳达峰实施方案》指出,安徽省交通业将大力优化交通运输结构,提高运输组织效率。

因此,采用−4%作为基准发展情景降速的标准,采用−3%、−5%分别作为政策发展情景和低碳发展情景的降速标准,将交通业能源强度每 10 年减少 0.5个百分点。

② 能源结构设置

《中国能源统计年鉴》(2023)显示,2022 年安徽省交通业能源结构(煤炭∶石油∶天然气∶电力)为 0∶85∶5∶10。《安徽省碳达峰实施方案》指出,推动运输工具装备低碳转型,大力推广新能源汽车,推动城市公共服务车辆、政府公务用车新能源或清洁能源替代。因此,我们将降低交通业的石油和天然气占比,提高交通业的新能源电力占比。

依据以上信息设定:将交通业基准发展情景和政策发展情景中的石油、天然气占比分别降低 10%和 1%,电力占比增加 11%。随着清洁能源替代行动的基本完成,能源结构优化速率会缓慢降低,我们将石油和天然气占比每 10 年变化幅度分别降低 2 个和 0.2 个百分点,电力占比增幅减少 2.2 个百分点。低碳发展情景中的石油、天然气占比分别降低 15%和 2%,电力占比增加 17%。我们将石油和天然气占比每 10 年变化幅度分别降低 3.0 个和 0.5 个百分点,电力占比增幅减少 3.5 个百分点。设置情况具体如表 7-11 所示。

表 7-11 安徽省交通业部门主要参数设置

年份	情景	能源强度年均变化率/%	期末能源结构 (煤炭:石油:天然气:电力)
2023—2030	S1	−4.0	0:80:5:15
	S2	−3.0	
	S3	−5.0	0:75:4:21
2031—2040	S1	−3.5	0:75:4:18
	S2	−2.5	
	S3	−4.5	0:70:3:27
2041—2050	S1	−3.0	0:65:3:32
	S2	−2.0	
	S3	−4.0	0:60:2:38
2051—2060	S1	−2.5	0:55:2:43
	S2	−1.5	
	S3	−3.5	0:50:1:49

（5）服务业部门参数设置

① 能源强度设置

根据 2017—2023 年《中国能源统计年鉴》可知，2016—2022 年安徽省服务业能源强度年均变化幅度为−1%，呈逐年下降的趋势。《安徽省碳达峰实施方案》指出，服务业需充分发挥资本市场作用，提升金融服务绿色低碳发展的能力和水平，向低碳经济领域聚集。

因此，采用−1%作为基准降速的标准，采用−0.5%、−1.5%分别作为政策发展情景和低碳发展情景的降速标准，将服务业能源强度每 10 年减少 0.1 个百分点。

② 能源结构设置

《中国能源统计年鉴》（2023）显示，2022 年安徽省服务业能源结构（煤炭:石油:天然气:电力）为 0:20:20:60，2018 年开始，安徽省服务业煤炭消费量为 0，因此其能源占比为 0。《安徽省碳达峰实施方案》指出，大力发展现代服务业，促进先进制造业和现代服务业深度融合，积极培育平台经济、节能环保服务等新业态新模式。因此，我们将降低服务业石油占比，提高清洁能源占比。

依据以上参数设定，将服务业基准发展情景和政策发展情景中的石油、天然气占比分别降低 5%，将电力占比增加 10%。随着清洁能源替代行动的基本完成,能源结构优化速率会缓慢降低,我们将石油和天然气占比每10年变化幅度分别降低1个百分点,电力占比增幅减少2个百分点。低碳发展情景中的石油、天然气占比分别降低7%,电力占比增加14%。我们将石油和天然气占比每10年变化幅度分别降低2个百分点,电力占比增幅减少4个百分点。设置情况具体如表7-12所示。

表 7-12 安徽省服务业部门主要参数设置

年份	情景	能源强度年均变化率/%	期末能源结构 (煤炭:石油:天然气:电力)
2023—2030	S1	−1.0	0:15:15:70
	S2	−0.5	
	S3	−1.5	0:13:13:74
2031—2040	S1	−0.9	0:10:10:80
	S2	−0.4	
	S3	−1.4	0:8:8:84
2041—2050	S1	−0.8	0:7:7:86
	S2	−0.3	
	S3	−1.3	0:5:5:90
2051—2060	S1	−0.7	0:5:5:90
	S2	−0.2	
	S3	−1.2	0:3:3:94

(6) 居民生活参数设置

① 能源强度设置

根据2017—2023年《中国能源统计年鉴》可知,2016—2022年安徽省城镇居民人均能耗年均变化幅度为4.30%,农村居民人均能耗年均变化幅度为4.05%。《安徽省碳达峰实施方案》指出,居民需推广绿色低碳生活方式,培养节能低碳生活意识。

因此,采用4%作为基准发展情景降速和政策发展情景的增速标准,采用3%作为低碳发展情景的增速标准,将居民生活人均能耗每10年下降1个百分点。

② 能源结构

《中国能源统计年鉴》(2023)显示,2022年安徽省城市居民能源结构(煤炭:石油:天然气:电力)为0.3:40:25:34.7,2022年安徽省农村居民能源结构(煤炭:石油:天然气:电力)为0.8:33:2:64.2,《安徽省碳达峰实施方案》指出,推广绿色低碳生活方式,推动农村可再生能源替代,加快生物质能、太阳能等可再生能源在农业生产和农村生活中的应用。因此,居民生活需提高电力需求,降低化石能源能耗占比。

依据以上参数说明,将居民生活能源结构分为城市和农村两个组成部分,具体参数设定如下。

在基准发展情景和政策发展情景下设定:城市能源结构 2030 年年末煤炭、石油和天然气占比分别降低 0.1%、5% 和 5%,电力占比增加 10.1%;2040 年年末煤炭降幅为 0.1%,2050 年年末和 2060 年年末煤炭降幅均为 0.05%,直至煤炭占比为 0;石油和天然气仍是同幅度降低;电力占比对应增加。

在低碳发展情景下设定:城市能源结构的煤炭、石油和天然气占比分别降低 0.15%、7% 和 7%;2040 年年末煤炭降幅为 0.1%,2050 年年末降幅为 0.05%,直至煤炭占比为 0。2040 年年末石油和天然气降幅为 5%,直至 2060 年年末。电力占比对应增加。

在基准发展情景和政策发展情景下:农村能源结构 2030 年年末煤炭、石油和天然气占比分别降低 0.2%、5% 和 0.5%,电力占比增加 5.7%,随后同幅度变化至 2060 年年末。

在低碳发展情景下:农村能源结构 2030 年年末的煤炭、石油和天然气占比分别降低 0.3%、8% 和 0.7%,电力占比增加 9%;2040 年年末煤炭降幅为 0.2%,直至 2060 占比为 0;2040 年年末石油和天然气占比降幅分别为 5% 和 0.5%,直至 2060 年年末占比分别为 10% 和 0。电力占比对应增加。

依据以上设定,安徽省居民生活主要参数设置情况具体如表 7-13 所示。

表 7-13　安徽省居民生活主要参数设置

年份	情景	期末人均能耗 /吨标准煤	期末能源结构 (煤炭∶石油∶天然气∶电力)
2030	S1	城市:0.327	城市:0.2∶35∶20∶44.8
	S2	农村:0.320	农村:0.6∶28∶1.5∶69.7
	S3	城市:0.302 农村:0.296	城市:0.15∶33∶18∶48.85 农村:0.5∶25∶1.3∶73.2
2040	S1	城市:0.439	城市:0.1∶30∶15∶54.9
	S2	农村:0.430	农村:0.4∶23∶1∶75.6
	S3	城市:0.369 农村:0.361	城市:0.05∶28∶13∶61.95 农村:0.3∶20∶0.8∶78.9

表 7-13(续)

年份	情景	期末人均能耗 /吨标准煤	期末能源结构 (煤炭：石油：天然气：电力)
2050	S1	城市：0.536	城市：0.05：25：10：64.95
	S2	农村：0.524	农村：0.2：18：0.5：81.3
	S3	城市：0.407 农村：0.399	城市：0：23：8：69 农村：0.1：15：0.3：84.6
2060	S1	城市：0.586	城市：0：20：5：75
	S2	农村：0.573	农村：0.1：15：0：84.9
	S3	城市：0.403 农村：0.394	城市：0：18：3：79 农村：0：10：0：90

(7)加工转换部门参数设置

《安徽省 2022 年国民经济和社会发展统计公报》显示,2022 年安徽省装机总容量为 9219.01 万 kW,其中火力发电 5 852.62 万 kW、太阳能发电 2 153.94 万 kW、水电 622.35 kW 和风力发电 590.11 万 kW。

《安徽省能源发展"十四五"规划》《安徽省光伏产业发展行动计划(2021—2023 年)》《安徽省碳达峰实施方案》等相关文件指出,2025 安徽省电力总装机容量达 1.1 亿 kW 左右,全省光伏发电装机容量达到 2 800 万 kW,风电装机容量达到 800 万 kW,水电(含抽水蓄能)装机容量 628 万 kW。可再生能源发电装机容量达到 4500 万 kW 左右,占比提高至 40% 左右。加快建设新型电力系统,淘汰落后发电机组,构建新能源占比逐渐提高的新型电力系统。

依据上述参数信息设定,火电装机容量增幅减缓,但仍每 10 年增加 10 000 MW 的装机容量,至 2060 年年末,淘汰落后发电机组,火电装机容量仅增加 5 000 MW。清洁能源装机容量按照上述政策规划,占比有序提升。我们将基准发展情景和政策发展情景中的装机容量变化情况统一,但低碳发展情景中的清洁、新能源装机容量占比要大于基准发展情景和政策发展情景。

表 7-14 安徽省加工转换部门主要参数设置

年份	情景	期末主要装机容量(火电：光伏：风电：水电)/MW
2023—2030	S1	60 000：40 000：10 000：10 000
	S2	60 000：42 000：12 000：11 000
	S3	

表7-14(续)

年份	情景	期末主要装机容量(火电:光伏:风电:水电)/MW
2031—2040	S1	70 000 : 55 000 : 20 000 : 15 000
	S2	70 000 : 57 000 : 22 000 : 16 000
	S3	
2041—2050	S1	80 000 : 70 000 : 30 000 : 20 000
	S2	80 000 : 72 000 : 32 000 : 21 000
	S3	
2051—2060	S1	85 000 : 90 000 : 40 000 : 25 000
	S2	85 000 : 92 000 : 42 000 : 26 000
	S3	

7.3　预测过程与结果分析

7.3.1　预测过程

（1）参数输入

依据三类情景设定,将各类典型情景的参数输入 LEAP 软件,数据输入的过程具体如图 7-1 所示。

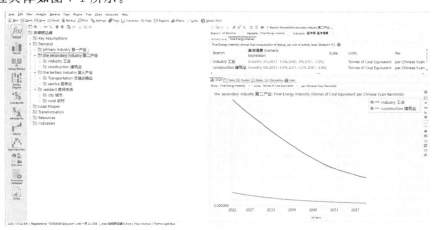

图 7-1　LEAP 软件基准发展情景下操作局部截图

（2）预测结果

依据上述三种情景的设定，将各类情景数据输入 LEAP 软件后，可以得到安徽省 2023—2060 年碳排放量的预测结果，具体数据如表 7-15 所示。

表 7-15　安徽省各情景下碳排放量预测结果　　　单位：10^6 t

年份	基准发展情景	政策发展情景	低碳发展情景
2023	324.090 7	326.227 8	322.444 3
2024	328.428 7	332.878 4	325.531 6
2025	333.193 5	340.153 1	328.081 0
2026	339.006 5	348.706 4	330.969 3
2027	345.544 9	358.253 5	334.128 5
2028	348.733 8	364.248 8	337.487 9
2029	351.757 3	370.160 0	340.974 2
2030	354.599 4	375.965 7	343.419 8
2031	357.428 6	381.672 1	342.213 8
2032	360.193 3	387.229 2	340.992 7
2033	362.890 7	392.124 9	339.756 3
2034	365.517 5	396.968 1	338.504 6
2035	368.070 5	401.753 5	337.237 3
2036	370.546 4	406.475 2	335.954 3
2037	372.941 5	411.128 1	334.655 3
2038	375.252 3	415.705 2	333.340 0
2039	377.475 0	420.200 2	332.008 0
2040	378.805 0	424.606 2	330.658 8
2041	377.833 8	425.662 9	328.097 9
2042	376.870 2	426.684 8	325.600 3
2043	375.913 9	427.670 9	323.165 2
2044	374.964 2	424.896 9	320.791 7
2045	374.020 7	422.260 3	318.478 9
2046	373.082 9	419.757 5	316.225 9
2047	372.150 1	417.385 0	314.031 8

表7-15（续）

年份	基准发展情景	政策发展情景	低碳发展情景
2048	371.221 7	415.139 0	311.895 6
2049	370.297 1	413.015 8	309.816 5
2050	369.375 5	411.011 7	307.793 6
2051	366.661 8	410.291 6	304.466 7
2052	363.957 0	409.528 5	301.208 1
2053	361.260 3	408.721 4	298.016 7
2054	358.571 3	407.869 3	294.891 1
2055	355.889 3	406.971 2	291.830 4
2056	353.213 6	406.025 9	288.833 2
2057	350.543 6	405.032 3	285.898 4
2058	347.878 7	403.989 3	283.025 0
2059	345.218 2	402.895 7	279.665 2
2060	342.138 5	401.416 8	275.523 2

7.3.2　预测结果分析

（1）基准发展情景碳达峰预测结果分析

由表 7-15 可得安徽省基准发展情景下的碳达峰图，具体如图 7-2 所示。

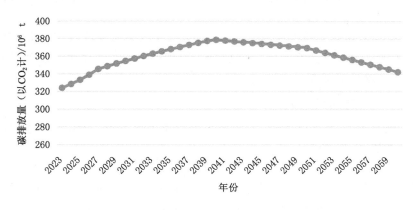

图 7-2　基准发展情景下的安徽省碳达峰预测结果

由图 7-2 可知:

① 在基准发展情景下,安徽省碳达峰可以在 2040 年实现;基准发展情景下,安徽省碳达峰的峰值为 37 880.5 万 t。

② 为了实现安徽省 2030 年碳达峰的目标,基准发展情景路径不可取。

(2) 政策发展情景碳达峰预测结果分析

依据表 7-15,可得政策发展情景下安徽省 2023—2060 年的碳排放预测图,具体如图 7-3 所示。

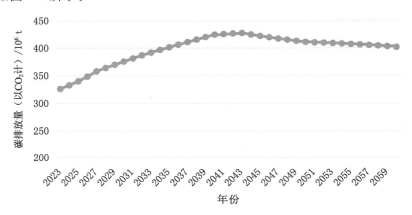

图 7-3　政策发展情景下的安徽省碳达峰预测结果

由图 7-3 可知:

① 在政策发展情景下,安徽省碳达峰可以在 2043 年实现;碳达峰的峰值为 42 767.09 万 t。

② 相较于基准发展情景,政策发展情景下碳达峰时间推迟了 3 年,且峰值增加了 4 886.59 万 t 碳排放量。因此,为了响应国家 2030 年碳达峰的号召,政策发展情景路径不可取。

(3) 低碳发展情景预测结果分析

依据表 7-15,可以得到安徽省低碳发展情景下 2023—2060 年的碳排放预测结果,具体如图 7-4 所示。

由图 7-4 可知:

① 在低碳发展情景下,安徽省成功实现了在 2030 年前碳达峰的愿景;在低碳发展情景下,安徽省碳达峰的峰值为 34 341.98 万 t。

② 因此,安徽省为了响应国家 2030 年实现碳达峰的号召,应采取低碳发展模式,此种路径下可以完成国家碳达峰整体战略部署。

图 7-4　低碳发展情景下的安徽省碳达峰预测结果

7.3.3　基于 LEAP 模型的安徽省 2030 年碳达峰路径

依据研究结论,基于 2030 年安徽省实现碳达峰要求,根据低碳发展情景各项参数设定,确定安徽省应采用的具体发展路径要求如下。

① 经济水平低速发展。具体参数为 GDP 在 2023—2030 年以 5.5％的速率进行增长,每 10 年降低 1.5 个百分点。

② 城镇化低速发展。具体参数为城镇化率在 2023—2030 年以 1.2％的速率进行增长,每 10 年降低 0.15 个百分点。

③ 人口低速发展。具体参数为人口增长率在 2023—2030 年以 0.25％的速率进行增长,每 10 年降低 0.1 个百分点。

④ 产业结构快速优化,第二产业比重快速下降,第三产业占比提高。

⑤ 各行业能源强度高速下降,具体参数变动如表 7-16 所示。

表 7-16　碳排放相关产业部门的参数设定

年份	部门	能源强度变化率/％
2023—2030	农业	−3.2
	工业	−0.5
	建筑业	−6.0
	交通业	−5.0
	服务业	−1.5

表7-16(续)

年份	部门	能源强度变化率/%
2031—2040	农业	−2.2
	工业	−3.5
	建筑业	−5.6
	交通业	−4.5
	服务业	−1.4
2041—2050	农业	−1.2
	工业	−3.0
	建筑业	−5.2
	交通业	−4.0
	服务业	−1.3
2051—2060	农业	−0.2
	工业	−2.0
	建筑业	−4.8
	交通业	−3.5
	服务业	−1.2

⑥ 能源结构快速优化,降低化石能源占比,新能源得到发展和应用。

⑦ 居民生活进入"去煤化"模式、提高电气水平和倡导绿色低碳的生活方式。

⑧ 加工转换部门,加快淘汰老旧发电机组的速度,提高清洁能源机组的占比。

7.4 本章小结

本章采用LEAP模型方法,以2022年为基准年,根据安徽省GDP增长水平、产业结构、人口变化等社会宏观政策因素以及能源强度变化等技术因素,构建了LEAP-Anhui模型。其中共设置了基准发展情景、政策发展情景和低碳发展情景3种情景对安徽省碳达峰的时间进行了预测。本章得到如下结论。

① 安徽省在2030年前实现碳达峰是可能的。在低碳发展情景下,安徽省可以在2030年实现碳达峰,碳排放的峰值为34 341.98万t;在基准发展情景下,安徽省碳达峰的时间为2040年,峰值为37 880.5万t;在政策发展情景下,

安徽省碳达峰的时间为 2043 年,达峰的峰值为 42 767.09 万 t。

② 低碳发展情景下碳达峰的具体情景路径采用 7.3.3 节的设定进行。

③ 为保障安徽省实现碳达峰,需要做出以下具体保障措施。

a. 发展新质生产力。安徽省需合理规划经济(GDP)和社会发展(城镇化)的速度,不能盲目追求经济发展的速度,而忽视生态环境的保护。安徽省应尽快摆脱传统粗放式经济增长方式、寻求符合国家新质生产力发展要求的发展路径。

b. 积极推进产业转型。通过优化产业结构,降低高能耗高污染产业的发展,发展战略新兴产业,可以优化安徽省产业结构,降低安徽省经济发展对能源消费的依赖,达到安徽省碳排放量峰值早日到来的目的。

同时,应推进工业内部转型和绿色升级,对钢铁、建材、化工等高碳排放行业的碳排放量进行控制,积极推进高经济产出且低耗能的现代化产业发展。大力发展以服务业等为主的第三产业,加强第三产业的优势地位。

c. 加大清洁能源占比。提高加工转换部门的清洁能源占比,鼓励发展可再生能源和清洁能源、加强对非化石能源的研究和应用,促进技术创新和推广,建立健全能源市场体系,推动能源产业升级和可持续发展。

d. 提高居民绿色生活意识。加强绿色宣传引导,通过传统媒体和网站开设绿色生活专栏,吸引居民关注和参与;开展相关教育培训,融入更多绿色生活教育内容;完善基础设施,建设更多的自行车道,提高公共交通的便利性和舒适性;提供经济激励,设立绿色生活奖励机制,对积极践行绿色生活方式的居民给予奖励。

第 8 章 安徽省科技创新效率研究

科技是第一生产力,技术进步有利于安徽省碳达峰的早日实现。技术进步的好处主要表现为:① 有利于节约能源,减少经济发展对能源的依赖,从而降低能源强度,有助于碳达峰的实现;② 有利于发展新能源,用清洁能源替代传统的化石能源,有利于安徽省能源结构的优化,为早日实现碳达峰贡献力量。

因此,研究安徽省的科技创新效率,发现存在的问题,并提出针对性的改进对策,有利于安徽省的技术进步,进而更好地助力安徽省碳达峰的早日实现。

8.1 安徽省研发投入现状分析

8.1.1 投入总量指标分析

为了研究安徽省的科技创新能力,依据《中国科技统计年鉴》(2023),得到2022 年我国研发投入情况,具体如表 8-1 所示。

表 8-1 2022 年我国研发投入指标统计表

地区	研发人员全时当量/(人·年)	研发经费内部支出/万元
北京	373 235	28 433 394
天津	103 499	5 686 565
河北	158 713	8 489 080
山西	62 219	2 737 192
内蒙古	37 724	2 095 130

表 8-1（续）

地区	研发人员全时当量/（人·年）	研发经费内部支出/万元
辽宁	124 163	6 209 177
吉林	48 947	1 872 794
黑龙江	56 938	2 177 941
上海	264 054	19 815 785
江苏	824 682	38 354 282
浙江	642 274	24 167 668
安徽	252 476	11 525 148
福建	260 296	10 821 348
江西	131 673	5 581 520
山东	514 497	21 804 089
河南	236 800	11 432 586
湖北	261 382	12 546 696
湖南	250 171	11 752 512
广东	972 492	44 118 955
广西	70 398	2 179 354
海南	17 063	683 660
重庆	128 878	6 866 481
四川	227 141	12 150 136
贵州	47 156	1 993 394
云南	64 555	3 135 272
西藏	1 871	69 590
陕西	142 503	7 695 512
甘肃	34 325	1 441 494
青海	5 329	288 425
宁夏	16 282	793 795
新疆	21 838	909 849
全国	6 353 570	307 828 823

（1）安徽省研发人员投入相对不足

研发人员全时当量为国际上比较科技人力投入而制定的可比指标。它是研发人员全时人员数加非全时人员按工作量折算为全时人员数的总和。例如，有

2 个全时人员和 3 个非全时人员(工作时间分别为 20%、30% 和 70%),则全时当量为 $2+0.2+0.3+0.7=3.2$(人·年)。

由表 8-1 数据可得图 8-1。

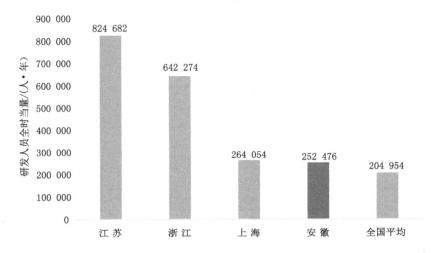

图 8-1　2022 年安徽省研发人员全时当量对比图

由图 8-1 可知:

① 2022 年,安徽省研发人员全时当量略高于全国平均水平。

② 与长三角兄弟省份相比,安徽省研发人员全时当量最少,仅为江苏的 30.6%、浙江的 39.3%、上海的 95.6%。研发人员投入的相对不足,阻碍了安徽省科技创新能力的发展。

(2) 安徽省研发经费投入相对少

依据表 8-1 可得图 8-2。

由图 8-2 可知:

① 2022 年安徽省研发经费内部支出 1 152.51 亿元,表示当年安徽省的研发活动用于本地区内的全部支出为 1 152.51 亿元,略高于全国平均水平。

② 与长三角兄弟省份相比,安徽省研发经费投入较少,仅为江苏的 30%、浙江的 47.7%、上海的 58.2%。

8.1.2　投入质量指标分析

总量指标是从数量上分析,质量指标是从人均水平上进行分析。依据表 8-1 指标数据和《安徽统计年鉴》(2023),可以得到安徽省研发投入的人均质量指标数据,具体如表 8-2 所示。

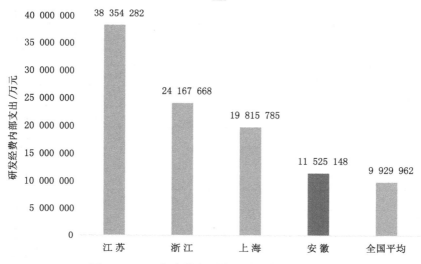

图 8-2　2022 年安徽省研发经费内部支出对比图

表 8-2　安徽省研发投入质量指标分析表

地区	人口数量/万人	人均研发人员全时当量/10^{-4}年	人均研发经费内部支出/元	经费投入强度/%
北京	2 184	170.90	13 018.95	6.83
天津	1 363	75.93	4 172.09	3.49
河北	7 420	21.39	1 144.08	2.00
山西	3 481	17.87	786.32	1.07
内蒙古	2 401	15.71	872.61	0.90
辽宁	4 197	29.58	1 479.43	2.14
吉林	2 348	20.85	797.61	1.43
黑龙江	3 099	18.37	702.79	1.37
上海	2 475	106.69	8 006.38	4.44
江苏	8 515	96.85	4 504.32	3.12
浙江	6 577	97.65	3 674.57	3.11
安徽	6 127	41.21	1 881.04	2.56
福建	4 188	62.15	2 583.89	2.04
江西	4 528	29.08	1 232.67	1.74
山东	10 163	50.62	2 145.44	2.49

表8-2（续）

地区	人口数量/万人	人均研发人员全时当量/10⁻⁴年	人均研发经费内部支出/元	经费投入强度/%
河南	9 872	23.99	1 158.08	1.86
湖北	5 844	44.73	2 146.94	2.33
湖南	6 604	37.88	1 779.61	2.41
广东	12 657	76.83	3 485.74	3.42
广西	5 047	13.95	431.81	0.83
海南	1 027	16.61	665.69	1.00
重庆	3 213	40.11	2 137.09	2.36
四川	8 374	27.12	1 450.94	2.14
贵州	3 856	12.23	516.96	0.99
云南	4 693	13.76	668.07	1.08
西藏	364	5.14	191.18	0.33
陕西	3 956	36.02	1 945.28	2.35
甘肃	2 492	13.77	578.45	1.29
青海	595	8.96	484.75	0.80
宁夏	728	22.37	1 090.38	1.57
新疆	2 587	8.44	351.70	0.51
全国	141 175	45.00	2 180.48	2.54

注：人口数据来源于《安徽统计年鉴》（2023），其他数据来源于《中国科技统计年鉴》（2023）。

（1）安徽省人均研发人员全时当量低于全国平均水平

由表8-2可知：

① 从人均水平看，2022年安徽省人均研发人员全时当量为0.004 1年（约合1.5天），即安徽省按人均水平来算，一年中人均用1.5天来做研发工作。

② 安徽的人均研发人员全时当量仅为全国平均水平的91.5%、上海的38.6%、江苏的42.6%、浙江的42.2%，不足长三角兄弟省份的50%，存在较大的提升空间。

2022年安徽省人均研发全时当量对比情况具体如图8-3所示。

（2）安徽省人均研发经费内部支出低于全国平均水平

依据表8-2，可以得到2022年安徽省人均研发经费内部支出情况，具体如图8-4所示。

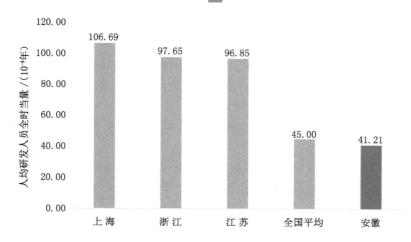

图 8-3　2022 年安徽省人均研发人员全时当量对比图

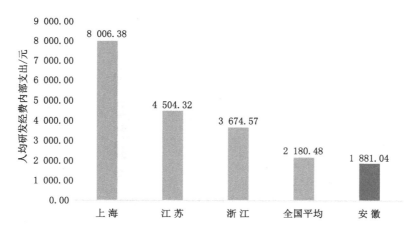

图 8-4　2022 年安徽省人均研发经费内部支出对比图

由图 8-4 可知：

① 2022 年，安徽省人均研发经费内部支出为 1 881.04 元，在全国排名第 12 位。

② 2022 年全国人均研发经费内部支出为 2 180.48 元，安徽省的人均研发经费内部支出仅为全国平均水平的 86.27%、上海的 23.5%、江苏的 41.8%、浙江的 51.2%。这说明安徽省人均研发经费内部支出相对较少。

（3）安徽省研发投入强度较低

由表 8-2 可知：

① 2022 年安徽省研发投入强度为 2.56，表明安徽省每创造 100 元 GDP，就会拿出 2.56 元来进行研发工作。一个地区的研发投入强度越高，表示这个地区对科技创新越重视，就越容易出创新成果。

② 2022 年安徽省的研发投入强度略高于全国平均水平，在全国排名第 7 位。

③ 与长三角兄弟省份相比，安徽省的研发投入强度均低于长三角兄弟省份水平。2022 年安徽省的研发投入强度仅为上海的 57.7％、江苏的 82.1％、浙江的 82.3％。

2022 年安徽省与相关地区的研发投入强度对比具体如图 8-5 所示。

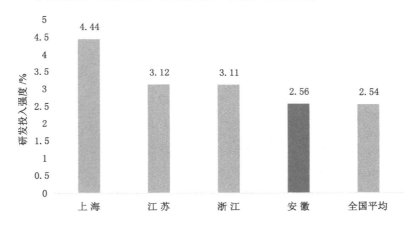

图 8-5　2022 年安徽省研发投入强度分析

8.2　安徽省研发成果现状分析

8.2.1　数量指标分析

利用国家统计局网站的数据查询功能，可以得到我国各个地区 2022 年专利授权情况（均指国内，下同），具体如表 8-3 所示。

表 8-3　2022 年我国国内专利授权量统计表　　单位:件

地区	合计	发明专利	实用新型专利	外观设计专利
全国	4 201 203	695 591	2 796 049	709 563
安徽	156 584	26 180	115 757	14 647
北京	202 722	88 127	91 947	22 648
天津	71 545	11 745	55 357	4 443
河北	115 314	12 022	85 735	17 557
山西	33 068	5 026	25 238	2 804
内蒙古	24 640	2 054	20 642	1 944
辽宁	77 434	10 892	61 846	4 696
吉林	29 534	6 483	20 212	2 839
黑龙江	36 551	8 519	24 902	3 130
上海	178 323	36 797	118 460	23 066
江苏	560 127	89 248	427 156	43 723
浙江	443 985	61 286	271 100	111 599
福建	141 536	16 213	93 033	32 290
江西	75 830	8 655	43 817	23 358
山东	342 290	48 696	263 518	30 076
河南	135 990	14 574	104 713	16 703
湖北	160 849	29 212	117 765	13 872
湖南	92 916	20 423	54 686	17 807
广东	837 276	115 080	457 716	264 480
广西	44 691	5 472	30 962	8 257
海南	13 148	1 602	10 062	1 484
重庆	66 467	12 207	46 556	7 704
四川	135 507	25 458	89 368	20 681
贵州	29 382	3 645	20 720	5 017
云南	39 497	4 091	32 089	3 317
西藏	2 127	149	1 750	228
陕西	79 375	18 963	54 496	5 916
甘肃	22 490	2 472	18 234	1 784
青海	5 276	458	4 570	248
宁夏	12 452	1 204	10 797	451
新疆	20 528	1 711	17 535	1 282
均值	135 523	22 438	90 195	22 889

由表 8-3 可以得到如下结论。

（1）安徽省专利总量相对较少

专利是专利权的简称，是发明人的发明创造经审查合格后，由专利局依据专利法授予发明人和设计人对该项发明创造享有的专有权，包括发明、实用新型和外观设计，用于反映拥有自主知识产权的科技和设计成果情况。由表 8-3 可得图 8-6。

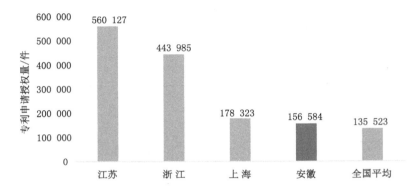

图 8-6　2022 年安徽省国内专利授权量对比图

由图 8-6 可知：

① 从总量上看，2022 年安徽省专利授权共有 156 584 件，略高于全国平均水平，在全国排名第 8 位。

② 与长三角兄弟省份相比，2022 年安徽省的专利授权量仅为江苏的 28%、浙江的 35.3%、上海的 87.8%，安徽省专利总量均低于长三角兄弟省份同类指标的科研产出水平。

（2）发明专利数量相对较少

发明专利指对产品、方法或者其改进所提出的新的技术方案，是国际通用的反映拥有自主知识产权技术的核心指标。依据表 8-2 可以得到 2022 年安徽省发明专利情况，具体如图 8-7 所示。

依据图 8-7 可知：

① 2022 年安徽省发明专利授权 26 180 件，略高于全国平均水平，与专利申请数总量排名一致，在全国排名中处于第 8 位。

② 与长三角兄弟省份相比，安徽省的发明专利数量低于长三角兄弟省份。具体表现为：2022 年安徽省的发明专利数量仅为上海的 71.1%、江苏的 29.3%、浙江的 42.7%。这说明安徽省发明专利存在较大的产出提升空间。

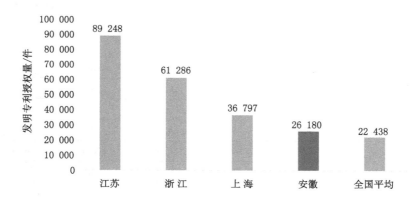

图 8-7　2022 年安徽省发明专利授权量对比图

8.2.2　质量指标分析

依据《中国科技统计年鉴》(2022)、《中国统计年鉴》(2022),可以得到 2022 年我国 3 种专利申请人均授权量统计情况,具体如表 8-4 所示。

表 8-4　2022 年我国国内 3 种专利申请人均授权量　人均单位:件/万人

地区	人口/万人	人均发明	人均实用新型	人均外观设计	人均合计
全国	141 175	4.93	19.81	5.03	29.76
北京	2 184	40.35	42.10	10.37	92.82
天津	1 363	8.62	40.61	3.26	52.49
河北	7 420	1.62	11.55	2.37	15.54
山西	3 481	1.44	7.25	0.81	9.50
内蒙古	2 401	0.86	8.60	0.81	10.26
辽宁	4 197	2.60	14.74	1.12	18.45
吉林	2 348	2.76	8.61	1.21	12.58
黑龙江	3 099	2.75	8.04	1.01	11.79
上海	2 475	14.87	47.86	9.32	72.05
江苏	8 515	10.48	50.17	5.13	65.78
浙江	6 577	9.32	41.22	16.97	67.51
安徽	**6 127**	**4.27**	**18.89**	**2.39**	**25.56**
福建	4 188	3.87	22.21	7.71	33.80

表8-4(续)

地区	人口/万人	人均发明	人均实用新型	人均外观设计	人均合计
江西	4 528	1.91	9.68	5.16	16.75
山东	10 163	4.79	25.93	2.96	33.68
河南	9 872	1.48	10.61	1.69	13.78
湖北	5 844	5.00	20.15	2.37	27.52
湖南	6 604	3.09	8.28	2.70	14.07
广东	12 657	9.09	36.16	20.90	66.15
广西	5 047	1.08	6.13	1.64	8.85
海南	1 027	1.56	9.80	1.44	12.80
重庆	3 213	3.80	14.49	2.40	20.69
四川	8 374	3.04	10.67	2.47	16.18
贵州	3 856	0.95	5.37	1.30	7.62
云南	4 693	0.87	6.84	0.71	8.42
西藏	364	0.41	4.81	0.63	5.84
陕西	3 956	4.79	13.78	1.50	20.06
甘肃	2 492	0.99	7.32	0.72	9.02
青海	595	0.77	7.68	0.42	8.87
宁夏	728	1.65	14.83	0.62	17.10
新疆	2 587	0.66	6.78	0.50	7.94

由表 8-4 可以得到如下结论。

(1)安徽省人均发明专利授权量低于全国平均水平

依据表 8-4 数据可以得到 2022 年安徽省人均专利授权量对比图,具体如图 8-8 所示。

由图 8-8 可知:

① 2022 年安徽省人均发明专利数为 4.27 件/万人,低于全国平均水平 (4.93件/万人),在全国排名第 10 位,低于全国平均水平(4.93 件/人)。

② 安徽省人均发明专利数不及长三角兄弟省份水平的 50%。2022 年,安徽省人均发明专利数仅为上海的 28.7%、江苏的 40.7%、浙江的 45.8%。

(2)安徽省人均专利授权量低于全国平均水平

依据表 8-4,可以绘制 2022 年安徽省人均专利授权量对比情况图,具体如图 8-9 所示。

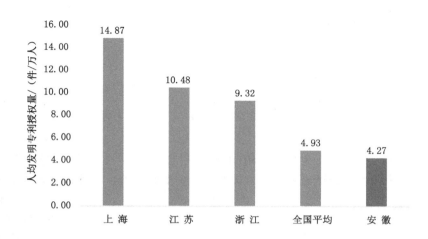

图 8-8　2022 年安徽省人均发明专利授权量对比图

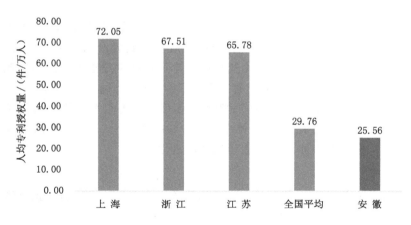

图 8-9　2022 年安徽省人均专利授权量对比图

由图 8-9 可知：

① 2022 年，安徽省人均专利授权量为 25.56 件/万人，低于全国平均水平（29.76 件/万人）。

② 安徽省人均专利数不及长三角兄弟省份水平的 50%。2022 年，安徽省人均发明专利授权量仅为上海的 35.5%、江苏的 38.9%、浙江的 37.9%，由此可见安徽省的科研产出严重不足。

8.3 安徽省科技创新效率分析

8.3.1 效率理论基础

（1）生产率

生产率对应的英文为"productivity"，有时也被称作"生产力"。它是指一个决策单位中所生产的产出要素与所需要投入的要素比值。其计算公式表示为：

$$生产率（或生产力）＝产出／投入 \tag{8-1}$$

生产率常常用来评价一个单位的绩效。生产率一般是指全要素生产率，它的计算过程包含了所有的投入要素和产出要素；当我们只考虑某些投入要素或产出要素时，我们称这种生产率为偏要素生产率。

（2）生产前沿

生产前沿又称生产边界，当有 n 个决策单位需要评价决策时，一些决策单元表现为投入水平一致时，其产出结果最大（最多），或者产出结果相同时，一些决策单位需要投入的资源最少。由这些处于生产可能性集边界的点连接起来组成的包络面，就是生产前沿。生产前沿代表了一个行业当前最先进的技术水平。

为了更加清晰地表达生产前沿的数据包络原理，我们可以假设最简单的生产情况。设某种生产过程只有一种投入（x）与一个产出（y），生产前沿具体如图 8-10 所示，图 8-10 中曲线 OF' 表示生产前沿面。

（3）效率

效率又称有效性。它是指一个决策单元的生产率（投入产出比）达到该行业先进水平的程度。

当该企业的投入产出处于生产边界时，其投入产出比最大，生产技术处于行业领先地位，我们称该企业的生产是技术有效的，处于生产边界以下，则其生产技术是无效的。

（4）效率的分解

技术效率包括纯技术效率和规模效率。因此，技术效率有时也称综合效率，它们之间的关系可以用数学公式表示如下。

$$综合效率（TE）＝纯技术效率（PTE）×规模效率（SE） \tag{8-2}$$

技术效率表示生产单元在给定投入要素相同的前提下，可以实现的最大产出与理想状态下最大可能性产出的比率。当技术有效时，表示产出对于投入而

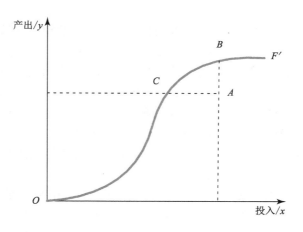

图 8-10　生产边界与技术效率

言已经达到最大。

　　生产率、技术效率和规模经济的关系见图 8-11。

　　图 8-11 中,OF' 代表生产的边界,它代表了对应每一种投入水平的最大产出,因此它反映了某一行业的当前技术水平。A 点投入同样的生产要素,产出不及处于生产前沿面上的 B 点,因此 A 点表示技术无效点;B 点和 C 点处于行业生产前沿面上,因此 B、C 两点的生产是技术有效的。

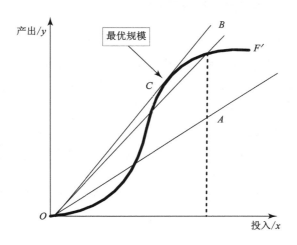

图 8-11　生产率、技术效率和规模经济的关系

（5）规模效率

规模效率表示生产单元实际产业规模与最优产业规模之间的比率。

技术效率和规模效率之间存在如下关系：一个生产厂商即使处于技术有效状况下，依然可以通过扩大规模来提高自己的生产率；依据生产理论可知，当生产厂商的规模较小时，可以通过扩大规模提高收益，我们称为规模报酬递增，当规模扩大到一定程度时，收益下降，我们称为规模报酬递减，当规模既不偏大也不过小时，规模报酬处于不变的状态，我们称为规模有效。

由图 8-11 可知，纵轴表示产出，横轴表示投入，通过原点的射线斜率用 y/x 表示，它正好代表厂商的生产率。

A 处于生产可能性集内部，其生产是技术无效的，B 和 C 处于生产前沿面上，其生产都是技术有效的。但 B 点的生产率并没有 C 高，因为 C 处于规模无效状态。

由上述分析可知，即使是技术有效的生产厂商，依然可以通过生产规模的优化获得更大的生产率。

（6）纯技术效率

纯技术效率是将规模因素的影响排除在外，仅表示在企业的管理水平、科学技术水平等因素影响作用下的生产效率，用于评估生产活动中由于技术和管理方面的不足而未得到充分利用所占的比例大小。

8.3.2　安徽省科技创新效率研究设计

（1）产出指标的选取

本研究借鉴《建设创新型城市工作指引》(国科发创〔2016〕370)和《中国区域创新能力评价报告 2019》的评价体系，选取发明专利授权量、实用新型专利授权量和外观设计专利授权量 3 个指标作为创新产出变量。

（2）投资指标的选择

依据王子贤(2022)等学者的相关研究，选取研发人员全时当量、研发经费内部支出两个指标作为投入指标。

依据投入指标、产出指标，本书构建的安徽科技创新效率评价模型如图 8-12 所示。

（3）研究模型的选择

目前效率分析的主流方法是数据包络分析法，它有两种典型的评价模型，分别被称为 CCR 模型和 BCC 模型。CCR 模型以规模收益不变为假设前提，BCC

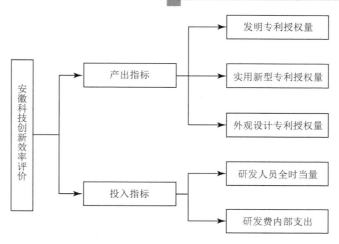

图 8-12 安徽科技创新效率评价模型

模型以生产报酬规模可变为假设前提。

在现实生活中,由于受到管理、设备、人员等因素的影响,会出现生产规模报酬可变的情况,因此,我们选择规模报酬可变的 BCC 模型进行效率研究。

(4)研究角度的选择

数据包络分析法有投入角度和产出角度两种研究方法,投入角度用于研究在产出不变的情况下,如何降低投入要素的问题;而产出角度用于研究在投入不变的情况下,如何提高产出的问题。本书主要研究在投入不变的情况下,安徽省实际产出与有效产出差距的问题,因此选择产出角度进行研究。

依据以上研究设计,本书最终选择 DEA-BCC-O 模型进行效率相关研究。

8.3.3 评价结果分析

依据构建的投入产出评价模型,采用 DEA-BCC-O 模型对安徽省科技创新效率进行评价,以表 8-1、表 8-2 中的相关数据为基础。

采用数据包络分析专用软件 DEA-SLOVERPro 5.0,对安徽省科技创新效率进行评价,得到的评价结果如表 8-5 所示。

表 8-5 2022 年安徽省科技创新效率分析表

地区	综合效率	纯技术效率	规模效率	规模报酬状态
北京	1	1	1	—
天津	0.804	0.983	0.818	drs

表8-5(续)

地区	综合效率	纯技术效率	规模效率	规模报酬状态
河北	0.721	1	0.721	drs
山西	0.624	0.718	0.869	drs
内蒙古	0.612	0.807	0.759	drs
辽宁	0.688	0.887	0.775	drs
吉林	0.910	0.918	0.991	drs
黑龙江	1	1	1	—
上海	0.844	0.986	0.855	drs
江苏	0.805	1	0.805	drs
浙江	0.922	1	0.922	drs
安徽	**0.753**	**0.904**	**0.833**	**drs**
福建	0.591	0.741	0.798	drs
江西	0.712	0.723	0.985	drs
山东	0.763	1	0.763	drs
河南	0.566	0.833	0.679	drs
湖北	0.771	0.914	0.843	drs
湖南	0.535	0.587	0.911	drs
广东	1	1	1	—
广西	0.919	1	0.919	drs
海南	0.830	0.920	0.903	drs
重庆	0.622	0.725	0.858	drs
四川	0.735	0.835	0.880	drs
贵州	0.677	0.738	0.918	drs
云南	0.604	0.818	0.738	drs
西藏	1	1	1	—
陕西	0.791	0.872	0.906	drs
甘肃	0.672	0.786	0.856	drs
青海	0.961	1	0.961	drs
宁夏	0.769	0.848	0.907	drs
新疆	0.893	1	0.893	drs
平均值	0.777	0.888	0.873	

注:drs表示规模效益递减。

（1）综合效率分析

① 2022年，安徽省研发综合效率为0.753，表明在投入不变的情况下，安徽省的三项专利产出同比例增加24.7％的数量，才能达到有效率的状态。即与效率为1的标杆单位相比，在同等的投入条件下，安徽省科研产出不足的量为24.7％。

② 2022年，安徽省研发综合效率在全国排名第18位，低于全国平均水平，仅为全国平均水平的96.9％。

（2）规模效率分析

① 从规模报酬角度看，安徽省研发投入处于规模报酬递减状态，应适度降低投入要素的量，使其处于规模报酬不变状态。

② 2022年安徽省规模效率为0.833，表明安徽省科研各要素投入规模等比例降低16.7％可以实现规模有效；这也说明安徽省研发投入存在资源浪费现象。

（3）三个效率值之间的关系分析

安徽省综合效率不高（0.753），主要受规模效率（0.833）低的影响，其次受纯技术效率值（0.904）的影响。投入规模不当是安徽省科技创新效率低下的主要原因。

（4）安徽省科技创新效率的提升目标分析

依据软件计算结果，可以得到安徽省研发效率的改进对策，具体如表8-6所示。

表8-6 安徽省提升科技创新效率的路径

要素	原始值	径向改进值	松弛变量	目标值
发明专利/件	26 180	2 785.764	0	28 965.764
实用新型专利/件	115 757	12 317.480	0	128 074.480
外观设计/件	14 647	1 558.559	0	16 205.559
研发人员全时当量/(人·年)	252 476	0	0	252 476.000
研发经费内部支出/万元	11 525 148	0	0	11 525 148.000

由表8-6可知，为了提升安徽的研发效率，应做到：在现有投入不变的情况下，发明专利在现有基础上增加2 785.764件，实用新型专利在现有基础上增加12 317.48件，外观设计专利在现有基础上增加1 558.559件。

8.4 本章小结

本章的研究目的是发现安徽省技术创新方面存在的不足,以 2022 年的科技数据为基础,采用指标分析法、数据包络分析法进行研究。

通过研究,本章得到如下结论。

① 安徽省研发投入相对较少,影响了安徽省的科技创新

a. 从总量指标上看,2022 年安徽省研发人员全时当量、研发经费内部支出均略高于全国平均水平,但远低于长三角兄弟省份水平。

b. 从投入质量指标看,2022 年安徽省人均研发人员全时当量、人均研发经费内部支出 2 个指标均低于全国平均水平,安徽省人均研发人员全时当量、人均研发经费内部支出、研发投入强度均低于长三角兄弟省份水平。

② 安徽省研发成果产出相对较少,影响了安徽省的科技创新

a. 从总量指标看,2022 年安徽省专利授权总量 156 584 件、发明专利授权 26 180 件,2 个指标略高于全国平均水平,但远低于长三角兄弟省份。

b. 从质量指标看,安徽人均专利授权量 25.56 件/万人,人均发明专利数量 4.27 件/万人,均低于全国平均水平,更落后于长三角兄弟省份。

③ 安徽省研发效率低于全国平均水平,更低于长三角兄弟省份

a. 在投入不变的情况下,安徽省科研产出与发达地区相比存在 24.7% 的提升空间。即在现有投入不变的情况下,发明专利在现有基础上增加 2 785.764 件,实用新型专利在现有基础上增加 12 317.48 件,外观设计专利在现有基础上增加 1 558.559 件,可以实现研发有效率。

b. 2022 年,安徽省研发效率(0.753)在全国排名中处于第 18 位,低于全国平均水平(0.777),更远远低于长三角兄弟省份。

c. 安徽省研发投入存在投入规模不当导致的资源浪费现象。2022 年安徽省科研各要素投入规模等比例降低 16.7%,可以实现规模效率。

d. 安徽省综合效率不高(0.753),主要受规模效率(0.833)低的影响,其次受纯技术效率值(0.904)的影响。

基于以上研究结论,为提高安徽省科技创新水平,建议采取的主要对策如下。

① 提高科研工作管理水平。将安徽省科技投入控制在规模报酬不变附近运作,防止过度投入导致的浪费,同时提高各种投入要素的匹配性,防止造成管理上的短板效应,造成投入资源的浪费。

② 努力增加科研产出。一是加强对科研人员的考核力度,增加科研产出,对科研项目不仅要重视申请,更要重视结题成果的数量和质量。二是加强对科研人员的激励。通过加大奖励力度,激励科研人员多出成果、快出成果。三是引进人才。大力引进安徽省战略新兴产业急需的各类人才,为增加科研产出奠定基础。四是构建科研平台,为科研人员提供良好的环境和载体。

③ 加强区域合作。与长三角兄弟省份加强区域合作交流,促进先进地区的科学技术扩散,先进带后进,促进安徽省科技发展水平进一步提高。

第9章　安徽省低碳发展中的重大科学技术问题识别

9.1　低碳技术概述

　　有利于低碳经济发展的技术，都可以称为低碳技术。按照温室气体排放过程进行分类，通常把低碳技术划分为3个类型。具体如图9-1所示。

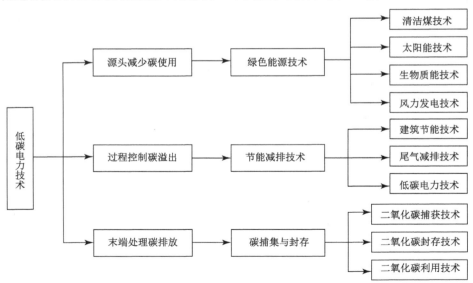

图 9-1　低碳技术构成

（1）绿色能源技术

它是从源头上减少 CO_2 的排放，即通过无污染、低碳的新能源、可再生能源的开发，特别是太阳能、风能等清洁能源的开发，减少化石能源在能源消费结构中的比重，优化能源结构，从源头上减少 CO_2 的排放。

（2）节能减排技术

它主要从生产过程中控制碳排放，即在生产、生活的各个方面，推广使用节能技术、提高现有资源利用效率，在不减少经济产出的同时，达到节能减排的目的。

（3）去碳技术

去碳技术也称"碳汇"技术，即对生产、生活中现有的碳量进行吸收和利用，其中最常见的方法就是 CCUS。

9.2 绿色能源技术

实现"双碳"目标，安徽省面临经济发展压力大、产业结构偏重、能源结构"一煤独大"等挑战，必须以关键技术的重大突破，支撑高质量、可持续发展下的碳达峰碳中和。

聚焦国家能源发展战略任务，立足以煤为主的资源禀赋，抓好煤炭清洁高效利用，增加新能源消纳能力，推动煤炭和新能源优化组合，保障国家能源安全并降低碳排放，是我国低碳科技创新的重中之重。

9.2.1 煤炭清洁高效利用

（1）促进煤炭绿色智能高效利用的意义

煤炭是重要的基础能源和工业原料，为保障我国经济社会快速健康发展做出了重要贡献。今后一个时期，煤炭仍是我国的主体能源。

燃煤是现阶段二氧化碳和大气污染的主要来源。为有效应对气候变化，推进煤炭安全绿色开发和清洁高效利用，是煤炭工业可持续发展的必由之路，是改善民生和建设生态文明的必然要求。

（2）煤炭清洁利用的关键技术

应加强煤炭先进、高效、低碳、灵活智能利用的基础性、原创性、颠覆性技术研究。需要重点研发的领域包括：

① 实现工业清洁高效用煤和煤炭清洁转化,攻克近零排放的煤制清洁燃料和化学品技术;

② 研发低能耗的百万吨级 CCUS 全流程成套工艺和关键技术;

③ 研发重型燃气轮机和高效燃气发动机等关键装备;

④ 研究掺氢天然气、掺烧生物质等高效低碳工业锅炉技术、装备及检测评价技术。

9.2.2 新能源发电技术

(1) 新能源发电技术研究的必要性

新能源发电包括风电、光伏发电、地热发电、核电等。

随着社会经济的发展和人们生活水平的提升,社会生产和生活所需的电量显著增加,同时,对电能质量提出了更高的要求。传统的发电技术已不能满足电能的实际需求,甚至会引发更严重的能源与环境问题。对此,加速新能源发电技术在电力系统中的应用,不仅能在一定程度上提升电能的供应量,而且能有效减少能源消耗与环境 污染问题,促进电力行业的可持续发展。

(2) 新能源发电关键技术

随着全球气候变暖,我国提出了 2030 年、2060 年"双碳"控制目标,传统的化石能源发电受到一定的限制,新能源发电具有广阔的应用前景。

为做好新能源发电工作,应重点研发的技术包括:高效硅基光伏电池、高效稳定钙钛矿电池等技术,碳纤维风机叶片、超大型风电机组整机设计制造与安装试验技术;高可靠性、低成本太阳能热发电与热电联产技术,突破高温吸热传热储热关键材料与装备;具有高安全性的多用途小型模块式反应堆和超高温气冷堆等技术;地热发电、海洋能发电与生物质发电技术。

9.2.3 智能电网

(1) 什么是智能电网

智能电网是以坚强网架为基础,以通信信息平台为支撑,以智能控制为手段,包含发电、输电、变电、配电、用电和调度 6 大环节,覆盖所有电压等级,实现"电力流、信息流、业务流"的高度一体化融合,是坚强可靠、经济高效、清洁环保、透明开放、友好互动的现代化电网。

一般来说,智能电网具有以下特征。

① 自愈。故障发生时,在没有或少量人工干预下,能够快速隔离故障、自我恢复,避免大面积停电的发生。

② 互动。电网在运行中与用户设备及行为进行交互,将其视为电力系统的完整组成部分之一,可以促使电力用户发挥积极作用,实现电力运行和环境保护等多方面的收益。

③ 坚强。在电网发生大扰动和故障时,电网仍能保持对用户的供电能力,而不发生大面积停电事故;在自然灾害和极端气候条件下或人为的外力破坏下,仍能保证电网的安全运行;具有确保信息安全的能力和防计算机病毒破坏的能力。

④ 兼容。智能电网打破了传统单一的远端集中式发电,实现集中发电与分散发电的兼容。各种可再生能源分布式发电和储能系统以"即插即用"的形式接入,扩大了系统运行调节的可选资源范围,满足电网与自然环境的和谐发展。

⑤ 协调。实现与批发电力市场甚至是零售电力市场的无缝衔接,通过有效的市场设计提高电力系统的规划、运行和可靠性管理水平,来达到促进电力市场竞争效率提高的目的。

⑥ 优质。智能电网可提供满足不同用户需求的优质电能,并且能对电能质量进行分级和价格联动。

⑦ 集成。通过智能电网可实现监视、控制、维护、能量管理、配电管理和市场运营以及其他各类信息系统之间的综合集成,并实现在此基础上的业务集成。

⑧ 优化。智能电网可以优化资产的利用,降低投资成本和运行维护成本。

（2）为什么要发展智能电网

① 能源基地和负荷中心距离较大。安徽省是长三角的能源基地,肩负着向长三角输送电力的区域历史使命。"皖电东输"问题表现为能源基地和负荷中心距离较远,需要智能电网的支撑。

② 大规模新能源基地的接入对主网安全稳定性的冲击。风电和光伏发电的发电功率容易受自然天气情况的影响,具有随机性、不可控性、间歇性和出力变化快的特点,这就给主网的安全稳定运行带来极大冲击。解决这个问题需要智能电网的支撑。

因此,加大智能电网建设是安徽省可再生能源发展的关键技术之一。

（3）智能电网关键技术

围绕智能电网建设,应重点发展的技术包括:以数字化、智能化带动能源结构转型升级,研发大规模可再生能源并网及电网安全高效运行技术,重点研发高精度可再生能源发电功率预测、可再生能源电力并网主动支撑、煤电与大规模新能源发电协同规划与综合调节技术、柔性直流输电、低惯量电网运行与控制等技术。

9.2.4　储能技术

（1）研究的必要性

储能技术是实现太阳能、风能等可再生能源普及应用的关键。风能、太阳能等可再生能源发电具有明显的不连续、不稳定性、对电网的稳定性冲击大等特点。因此，在推广应用可再生能源发电时，储能技术发挥着重要的调节作用，具体作用表现为：① 储能技术是应用太阳能、风能等可再生能源发电应用中具有不可或缺的作用，解决发电与用电的时差矛盾。② 减少可再生能源发电直接并网对电网的冲击，提高智能电网对可再生能源发电兼容量，是智能电网建设中的关键技术；③ 可以作为高耗能企业和国家重要部门的备用电源。如冶金企业、地铁公司、政府、医院、军事指挥部等重要部门的备用电站，在非常时期保证稳定、及时的应急电力供应。因此，大规模储能技术被认为是支撑可再生能源普及的战略性技术，得到各国政府和企业界的高度关注。

（2）技术重点

依据储能行业发展现状、国家科技支撑碳达峰实施方案，经专家研讨，应重点研发的储能技术包括：① 压缩空气储能、飞轮储能、液态和固态锂离子电池储能、钠离子电池储能、液流电池储能等高效储能技术；② 研发梯级电站大型储能等新型储能应用技术以及相关储能安全技术。

9.2.5　可再生能源非电利用

（1）发展可再生能源非电利用的意义

加快发展可再生能源、实施可再生能源替代行动，是推进能源革命和构建清洁低碳、安全高效能源体系的重大举措，是保障国家能源安全的必然选择，是我国生态文明建设、可持续发展的客观要求，是构建人类命运共同体、践行应对气候变化自主贡献承诺的主导力量。

"十四五"时期是推动能源绿色低碳转型、落实应对气候变化国家自主贡献目标的攻坚期，我国可再生能源将进入全新的发展阶段。按照《"十四五"可再生能源发展规划》的目标，2025 年可再生能源非电利用规模达到 6 000 万吨标准煤以上。

因此，研究可再生能源非电利用，关系着我国《"十四五"可再生能源发展规划》目标的实现，对安徽省碳达峰也具有重要意义。

（2）可再生能源非电利用的关键科学技术问题

可再生能源非电利用的重点技术攻关方向：① 研发太阳能采暖及供热技

术、地热能综合利用技术,探索干热岩开发与利用技术等;② 研发推广生物航空煤油、生物柴油、纤维素乙醇、生物天然气、生物质热解等生物燃料制备技术,研发生物质基材料及高附加值化学品制备技术、低热值生物质燃料的高效燃烧关键技术。

9.2.6　氢能技术

(1) 研发利用氢能技术的必要性

氢能是一种绿色、高效的二次能源,被视为"21 世纪终极能源"。它具有"燃烧热值高、燃烧无污染、资源丰富"3 个主要特点,可以满足多样性的能源需求,2022 年 8 月,工业和信息化部、国家发展改革委、生态环境部印发《工业领域碳达峰实施方案》,鼓励有条件的地区利用可再生能源制氢,不断优化原料结构,我国氢能开发和应用驶入发展快车道。

(2) 氢能研究的重大科学技术问题

针对氢能"制、储、运、加、用"全产业发展中的瓶颈问题,提出如下氢能研究的重点方向:① 绿氢技术。研发可再生能源高效低成本制氢技术。② 储氢技术:研发大规模物理储氢和化学储氢技术。③ 运氢技术:研发大规模及长距离管道输氢技术。④ 安全技术:针对氢能制备、储藏、运输、加注、使用过程中的安全问题,展开技术研究。⑤ 技术创新:探索研发新型制氢和储氢技术。

9.3　过程控制碳溢出技术

过程控制碳溢出,就是通过节能技术提高能源的开发利用效率,从而降低能源消耗速度,减少对生态环境影响的技术。发展节能技术对减缓化石资源的消耗速度,对全球气候的改善具有十分重要的意义。目前,世界上主要耗能产业都集中在工业生产、发电、建筑业、交通运输业等重点行业,节能技术的应用也主要体现在这些领域。

9.3.1　低碳工业流程再造技术

(1) 节能技术

在资源开采、加工,能源转换、运输和使用过程中,以电力输配和工业、交通、建筑等终端用能环节为重点,研发和推广高效电能转换及能效提升技术;发展数据中心节能降耗技术,推进数据中心优化升级;研发高效换热技术、装备及能效检测评价技术。

（2）重点工业行业绿色发展技术

针对钢铁、水泥、化工、有色等重点工业行业绿色低碳发展需求，以原料燃料替代、短流程制造和低碳技术集成耦合优化为核心，形成一批支撑降低二氧化碳排放、实现低碳流程再造的大规模工业化应用技术。

① 低碳零碳钢铁。研发全废钢电炉流程集成优化技术、富氢或纯氢气体冶炼技术、钢化一体化联产技术、高品质生态钢铁材料制备技术。

② 低碳零碳水泥。研发低钙高胶凝性水泥熟料技术、水泥窑燃料替代技术、少熟料水泥生产技术及水泥窑富氧燃烧关键技术等。

③ 低碳零碳化工。针对石油化工、煤化工等高碳排放化工生产流程，研发可再生能源规模化制氢技术、原油炼制短流程技术、多能耦合过程技术，研发绿色生物化工技术以及智能化低碳升级改造技术。

④ 低碳零碳有色。研发新型连续阳极电解槽、惰性阳极铝电解新技术、输出端节能等余热利用技术，金属和合金再生料高效提纯及保级利用技术，连续铜冶炼技术，生物冶金和湿法冶金新流程技术。

⑤ 资源循环利用与再制造。研发废旧物资高质循环利用、含碳固废高值材料化与低碳能源化利用、多源废物协同处理与生产生活系统循环链接、重型装备智能再制造等技术。

9.3.2　城乡建设与交通低碳零碳技术

围绕城乡建设和交通领域绿色低碳转型目标，以脱碳减排和节能增效为重点，大力推进低碳零碳技术研发与示范应用。

（1）光储直柔供配电

"光"即建筑光伏。"储"是建筑内分布式蓄电及利用邻近停车场电动汽车的电池资源。"直"指建筑内部采用直流供电。"柔"则是光储直柔的目的，即实现柔性用电，使其成为电网的柔性负载或虚拟灵活电源。

应研究光储直柔供配电关键设备与柔性化技术，建筑光伏一体化技术体系，区域-建筑能源系统源网荷储用技术及装备。

（2）建筑高效电气化

研究面向不同类型建筑需求的蒸汽、生活热水和炊事高效电气化替代技术和设备，研发夏热冬冷地区新型高效分布式供暖制冷技术和设备，以及建筑环境零碳控制系统，不断扩大新能源在建筑电气化中的使用。

（3）热电协同

研究利用新能源、火电与工业余热区域联网、长距离集中供热技术，发展针对北方沿海核电余热利用的水热同产、水热同供和跨季节水热同储新技术。

（4）低碳建筑材料与规划设计

研发天然固碳建材和竹木、高性能建筑用钢、纤维 复材、气凝胶等新型建筑材料与结构体系，研发与建筑同寿命的外围护结构高效保温体系，研发建材循环利用技术及装备，研究各种新建零碳建筑规划、设计、运行 技术和既有建筑的低碳改造成套技术。

（5）新能源载运装备

研发高性能电动、氢能等低碳能源驱动载运装备技术，突破重型陆路载运装备混合动力技术以及水运载运装备应用清洁能源动力技术、航空器非碳基能源动力技术、高效牵引变流及电控系统技术。

（6）绿色智慧交通

研发交通能源自洽及多能变换、交通自洽能源系统高效能与高弹性等技术，研究轨道交通、民航、水运和道路交通系统绿色化、数字化、智能化等技术，建设绿色智慧交通体系。如可持续航空燃料、船舶电动化、新能源汽车电网互动技术、氢燃料航空发动机技术、氢燃料电池电堆、生物乙醇等。

9.4 尾端处理碳排放技术

围绕碳中和愿景下对负碳技术的研发需求，着力提升负碳技术创新能力。力争到 2025 年实现单位二氧化碳捕集能耗比 2020 年下降 20％，到 2030 年下降 30％，实现捕集成本大幅下降。

（1）CCUS 技术

研究 CCUS 与工业流程耦合技术及示范、应用于船舶等移动源的 CCUS 技术、新型碳捕集材料与新型低能耗低成本碳捕集技术、与生物质结合的负碳技术（BECCS），开展区域封存潜力评估及海洋咸水封存技术研究与示范。

（2）碳汇核算与监测技术

研究碳汇核算中基线判定技术与标准、基于大气二氧化碳浓度反演的碳汇核算关键技术，研发基于卫星实地观测的生态系统碳汇关键参数确定和计量技术、基于大数据融合的碳汇模拟技术，建立碳汇核算与监测技术及其标准体系。

（3）生态系统固碳增汇技术

开发森林、草原、湿地、农田、冻土等陆地生态系统和红树林、海草床和盐沼等海洋生态系统固碳增汇技术，评估现有自然碳汇能力和人工干预增强碳汇潜力，重点研发生物炭土壤固碳技术、秸秆可控腐熟快速还田技术、微藻肥技术、生物固氮增汇肥料技术、岩溶生态系统固碳增汇技术、黑土固碳增汇技术、生态系统可持续经营管理技术等。研究盐藻/蓝藻固碳增强技术、海洋 微生物碳泵增汇技术等。

（4）非二氧化碳温室气体减排与替代技术

研究非二氧化碳温室气体监测与核算技术，研发煤矿乏风瓦斯蓄热及分布式热电联供、甲烷重整及制氢等能源及废弃物领 域甲烷回收利用技术，研发氧化亚氮热破坏等工业氧化亚氮及含氟气体的替代、减量和回收技术，研发反刍动物低甲烷排放调控技术等农业非二氧化碳气体减排技术。

第 10 章　结论与对策

10.1　研究结论

本书以低碳经济学理论、统计学理论、计量经济学理论为指导,综合采用 EKC 理论模型、STIRPAT 模型和 LEAP 模型分别对安徽省碳达峰的时间、峰值、条件路径等问题进行了对比综合研究。通过研究,得到如下结论。

10.1.1　安徽省碳达峰面临诸多挑战

数据采集、分析表明,安徽省碳达峰面临七大挑战。

(1) 经济发展任务重,能源消耗大

从 GDP 总量看,安徽省经济在长三角处于弱势地位。2022 年,安徽省 GDP 仅为江苏经济总量的 36.67%、浙江的 57.96%,存在较大的差距。

从人均 GDP 指标看,人均 GDP 低于全国平均水平,更低于长三角兄弟省份。2022 年,安徽省人均 GDP 仅为全国平均水平的 87.14%,为上海的 40.91%、江苏的 50.98%、浙江的 62.11%。安徽省人均 GDP 仍然存在较大的提升空间。

安徽省发展经济的任务重,经济发展需要以能源消耗为代价,因而导致安徽省未来面临碳达峰的挑战更加严峻。

(2) 安徽省经济增长模式粗放

2022 年,安徽省能源消费弹性系数($e=1$)高于全国平均水平($e=0.97$)。这表明安徽省的经济每增加 1%,所需要增加的能源消费量也是 1%,安徽省的经济发展模式依然处于相对粗放的发展阶段。

2015—2022 年,能源消费弹性系数呈现振荡走高的趋势。这表明近年来安徽省经济发展对能源的依赖度呈逐年扩大趋势,这给碳达峰带来了挑战。这需要引起安徽省政府管理部门的警惕,应通过技术进步、设备更新、产业结构调整等手段予以调整。

(3)产业结构落后,能源消耗大

与全国平均水平相比,安徽省第二产业比重过高。2023年,安徽省第二产业比重40.1%,全国第二产业比重仅为38.30%。工业是能源消费的主要来源,安徽省工业用能10 192.97万吨标准煤,约占能源消费总量的65%。第二产业过高,给安徽省碳达峰又带来了挑战。

(4)能源结构偏煤,给碳达峰带来挑战

从消费结构看,安徽的能源消费存在"一煤独大"现象。2022年安徽省能源消费结构中,煤炭消费占比(67.6%)高于全国平均水平(56.2%);化石能源在能源消费中的占比高于全国水平。安徽省能源消费特征给安徽省碳达峰带来了挑战。

(5)城镇化水平偏低,未来用能潜力大

2022年,安徽省城镇化水平60.15%,低于全国平均水平,仅为全国平均水平的92%、江苏的81%、浙江的82%和上海的67%。随着安徽省城镇化水平的提高和人们生活水平的改善,安徽省未来生活用能需求会进一步扩大,这给安徽省碳达峰带来了挑战。

(6)人均用能水平低于全国平均水平,未来能源消费增长潜力大

2022年,安徽省人均能源消费量为2.59吨标准煤,仅为全国人均能源消费量的67.65%、上海的58.6%、江苏的61.5%和浙江的58.47%。随着安徽省居民生活水平的进一步提高,安徽省人均能源消费量将会显著增加,逐渐缩小与长三角兄弟省份以及全国平均水平之间的差距。因此,安徽省人均能源消费量未来增长潜力大。

(7)科技创新效率低于全国平均水平

2022年,安徽省研发效率(0.753)低于全国平均水平(0.777),更低于长三角兄弟省份;在科技创新投入不变的情况下,安徽省科研产出与发达地区相比存在24.7%的提升空间。安徽省研发投入存在投入规模不当导致的资源浪费现象。2022年安徽省投入要素规模等比例降低16.7%的投入比例,可以实现规模效率。

综上,安徽省经济发展任务重、经济发展模式粗放、产业结构偏重、能源结构偏煤、城镇化水平偏低、人均用能水平低、科技创新效率不高等特点,都给安徽省

碳达峰带来了挑战。

10.1.2　安徽省碳排放的特征

① 从碳排放现状看,2022 年安徽省 CO_2 的直接排放量为 33 865.48 万 t,间接排放量为 -1 775.25 万 t,实际排放量为 32 090.23 万 t。

② 从时间序列上看,安徽省 CO_2 排放量呈逐年缓慢上升趋势。

③ 从碳排放在三大产业分布看,安徽省三大产业的碳排放比例约为 1∶92∶7。

④ 从碳排放的产业部门分布看,第二产业的碳排放量主要来源于电力与热力的生产、黑色金属的冶炼、煤炭采选等 3 个产业。

⑤ 从碳排放与经济发展的关系看,2022 年安徽省经济发展与碳排放处于"增长联结"状态。表示环境压力在增长,经济也在增长,但经济的增长没有足够优于环境压力,安徽省的经济增长仍处于依赖环境破坏的基础上,是一种粗放式的经济发展状态。

10.1.3　2030 年前安徽省碳达峰的可能性

① 基于 EKC 理论构建的安徽省碳达峰预测模型研究发现,在现有人均 GDP 增长速度 5.6% 不变的情况下,安徽省在 2060 年才能实现碳达峰,2030 年前无法实现碳达峰。

这一研究方法的不足表现在:a. EKC 曲线是依据过去的数据去预测将来。没有看到安徽省省政府对低碳经济发展的努力,如调整产业结构、发展清洁能源、人才的培养等。b. 没有考虑到技术进步的影响。如我国 CCUS 技术的推广和应用,将会促进安徽省碳达峰的早日到来。

② 采用 STIRPAT 模型对安徽省碳达峰进行预测发现,安徽省在 2030 年前实现碳达峰是可能的,在低碳发展模式下,安徽省可以在 2029 年实现碳达峰,碳排放的峰值为 34614.93 万 t,在其他模式下 2030 年前难以实现碳达峰。

③ 采用 LEAP 模型对安徽省碳达峰进行预测发现,安徽省在 2030 年实现碳达峰是可能的。在低碳发展情景下,安徽省在 2030 年实现碳达峰,碳排放的峰值为 34 341.98 万 t。在基准发展情景,安徽省碳达峰的时间为 2040 年,峰值为 37 880.5 万 t;在政策发展情景下,安徽省碳达峰的时间为 2043 年,达峰的峰值为 42 767.09 万 t。

综合 3 种研究方法的研究结果可知,安徽省在 2030 年前实现碳达峰是可能的,需要走低碳发展模式道路来实现目标。

10.1.4 碳达峰的路径

针对安徽省碳达峰问题,采用 3 种方法对比研究,得到安徽省碳达峰的路径分别如下。

(1) 基于 EKC 理论预测模型确定的安徽省碳达峰的路径

依据 EKC 理论,安徽省碳达峰的理论条件为:安徽省人均 GDP 指数(1978 年=100)超过 39 850。当安徽省人均 GDP 指数(1978 年=100)小于 39 850 时,安徽省人均碳排放量会增加,当安徽省人均 GDP 指数(1978 年=100)大于 39 850 时,安徽省人均碳排放量会降低。

(2) 基于 STIRPAT 模型确定的安徽省碳达峰路径

依据 STIRPAT 模型,在低碳发展模式下,安徽省可以在 2029 年实现达峰,具体情景路径如下。

① 人均 GDP 保持低速高质量发展。具体参数设置:2023 年以 5.0% 作为降速起始标准,未来每年匀速下降 0.1%。

② 能源强度高速下降。具体参数设置:2023 年采用 1.5% 作为降速起始标准,然后能源强度降速年均下降 0.04%,这将以技术进步为基础。

③ 产业结构快速优化。具体参数设置:初始年度(2023 年)安徽省第二产业年下降的开始梯度为 −1.3%,每年第二产业下降梯度降低 −2%。

④ 能源结构快速优化。具体参数设置:2023 年度第二产业下降梯度为 −1.1,以后每年年均降低速度设定为 1.5%,新能源得到快速发展和应用。

⑤ 城镇化保持低速发展。具体参数设置:2023 年城镇化保持 0.6% 的速度增长,然后每年增长速度降低 2%。

(3) 基于 LEAP 模型预测确定的安徽省碳达峰路径

① 经济低速高质量发展。具体参数为 GDP 在 2023—2030 年以 5.5% 的速率进行增长,每 10 年降低 1.5 个百分点。

② 城镇化低速发展。城镇化率在 2023—2030 年以 1.2% 的速率增长,每 10 年降低 0.15 个百分点。

③ 人口低速发展。具体参数为人口增长率在 2023—2030 年以 0.25% 的速率增长,每 10 年降低 0.1 个百分点。

④ 产业结构快速优化。第二产业比重快速下降,第三产业占比提高。

⑤ 能源强度快速降低。降低的速度具体如表 7-16 所示。

⑥ 能源结构快速优化,降低化石能源占比,新能源得到发展和应用。

⑦ 居民生活进入"去煤化"模式、提高电气水平和倡导绿色低碳的生活

方式。

⑧ 加工转换部门,加快淘汰老旧发电机组的速度,提高清洁能源机组的占比。

(4)综合路径

综上可知,安徽省要想早日实现碳达峰,应选择低碳发展模式(路径)。

① 经济、社会发展保持提质降速发展,让 GDP、人均 GDP、城镇化等指标保持较低的发展速度,提高发展的质量。

② 加快产业结构、能源结构的优化,把第二产业比重和化石能源的比重降下来。

③ 依靠科技进步,努力降低能源强度,提高能源利用水平。

10.2 安徽省碳达峰驱动政策建议

政策是国家或政党为实现一定的政治路线和任务而制定的行动依据和行动准则。研究发现:在安徽省碳排放各影响因素中,影响力由大到小的排列顺序为:能源结构>产业结构>城镇化水平>能源强度>人均 GDP 水平。

为了保障安徽省早日实现碳达峰,安徽省政府应该采取的碳达峰促进政策包括如下 8 个方面。

10.2.1 节能优先

能源是我国经济社会发展的能源基础,节能是我国的基本国策。节能被称为继煤炭、石油、天然气和电力之后的第五大能源。在安徽省能源结构依然存在"一煤独大"的情况下,节约能源可以有效降低区域内的碳排放绝对量问题,具体对策如下。

(1)减少能源的直接浪费

生活中做到人走灯灭,生产上杜绝机器的空转等能源消耗,建筑业采用新型隔热材料,减少楼房的能源消耗等。

政府应注重对民众的宣传引导。要通过广播、电视、讲座、宣传栏等多种形式,开展低碳生活主题宣传活动,向社会公众普及气候变化知识。

政府机构应通过政府网站发布气候变化科学事实和影响报告,加强政府间气候变化专门委员会(IPCC)报告成果宣讲解读。通过绿色出行宣传月、公交出行宣传周等活动,积极营造绿色出行氛围。

要探索开展碳普惠制度,激励全社会参与碳减排。目前,我国广东、深圳、成都等地已出台碳普惠管理办法,为安徽省探索碳普惠制度提供了可行的借鉴。

大力宣传低碳生活理念,让低碳生活深入人心、低碳行为自觉养成,形成全民共建低碳社会的良好氛围

(2)提升工业生产能效

对工业进行结构优化和工艺革新,发展替代原料燃料技术等。例如,水泥生产过程中可以通过采用碳排放强度低的原料代替石灰质原料,包括电石渣、高炉矿渣、粉煤灰、钢渣等,降低二氧化碳的排放。

(3)坚决遏制高耗能高排放项目无序发展

尤其是对化工、煤电、冶金、有色金属、建材等重点行业实施项目节能评估,从能耗总量、能效标准、碳排放量、碳强度等方面严把准入关,加强源头管控,遏制高耗能产业无序增长。

(4)加快对高耗能产业节能改造

深入推进工业绿色化、智能化节能技术改造,推广节能低碳新技术、新设备。降低总体能耗,实现能源利用清洁化 、高效化和用能管理数字化、智能化。做好安徽省重大煤化工节能改造工程,推进煤化工产业链向高端化、多元化、低碳化延伸。支持高耗能企业联合重组、上大压小、更新技术设备,提升能效水平,实现集约化发展。

10.2.2 资源循环利用

固废减量化和资源化利用水平是国家进步和现代化水平的标志。废弃物源头减量化和高比例资源化利用,是循环发展的典型内涵。

安徽省拥有"两淮矿区"国家级大型煤炭基地,拥有马鞍山钢铁、海螺水泥等大型生产企业,产业链众多,在生产过程中出现的各种固废量很大。如煤矿生产过程中产生的矸石,电力生产过程中产生的粉煤灰,钢铁生产过程中产生的炉渣,水泥产业生产过程中的粉尘等。

加大资源循环利用,可以助力安徽省减碳目标的实现。安徽省应加快传统产业升级改造和业务流程再造,实现资源的多级循环利用。应重点发展废钢、废塑料、废矿物油等循环利用技术,以及高炉渣、转炉渣、赤泥等副产物的资源化利用技术,水泥窑协同处理废弃物技术,推进工业部门跨产业融合发展,实现循环经济产业链。

全面建立垃圾回收和清运体系,推进生产者责任延伸制度,探索建立消费者责任制,增强资源高效循环利用的基础支撑。谋划好关键原材料回收利用顶层设计,突破锂、钴、镍等关键矿物原料回收利用技术,保障关键矿产资源安全。

10.2.3　大力发展新能源

化石能源消费是自然界碳排放的最主要来源,优化能源结构是从源头控制碳排放。为此,大力发展清洁能源,提高风电、光电、水电等可再生能源在能源消费中的比例,逐步减少安徽省经济发展对传统化石能源的过度依赖,从供给侧构建清洁低碳安全高效的能源体系,可以有效降低安徽省碳排放问题。

（1）大力发展新能源

依据《安徽省能源产业发展战略研究报告》可知,安徽省具有较大的新能源发展潜力,具有一定的水电资源、风电资源、光伏、生物质能、地热能等新能源资源。

① 水电资源方面,截至 2023 年,安徽省已建设响洪甸、琅琊山、响水涧和绩溪抽水蓄能电站,应在金寨、宁国、桐城等水资源相对丰富的地区,继续做好抽水蓄能电站的建设工作。

② 光伏和风电方面。安徽省应坚持集中开发和分布开发并举,依托河滩、荒山、采煤沉陷区等因地制宜地发展光伏、风电,探索自发自用和就地交易新模式,有效扩大用户侧光电应用。

③ 生物质能方面。安徽省是农业发展大省,地处南方和北方的分界线上,生物质资源相对丰富。应因地制宜发展生物天然气、生物成型燃料、生物质（垃圾）发电等生物质能源,加快生物质成型燃料在工业供热和民用采暖等领域的推广应用。

④ 地热资源。安徽省具有一定的地热资源,2019 年安徽省国土资源厅启动“安徽省浅层地热能调查评价”项目,安徽省地热资源总储存量为 1.12×1020 J（折合 63.52 亿吨标准煤）,可开采总量为 2.18×1019 J（折合 12.40 亿吨标准煤）。安徽省应积极推广浅层地热能供暖,探索开展中深层地热能供暖。

通过大力发展新能源,可以有效降低传统化石能源消费量,为安徽省早日实现碳达峰贡献力量。

（2）推进氢能应用示范建设

推进氢能产业化、规模化、商业化进程,加快氢能替代,助力减煤降碳。安徽省 2021 年重点项目投资计划项目清单中,共有 6 个氢能与燃料电池项目入选,主要以燃料电池产业为主,涉及副产氢、氢能电动车、燃料电池系统等,涉及安徽伯华氢能、明天氢能、瑞氢动力、阜阳攀业、曙光股份等安徽省企业与单位。安徽在上游制氢、中游储运与下游应用上均有一定的优势,应努力实现以氢换煤。

通过开展储氢、输氢、氢能综合利用等技术攻关,培育氢能装备制造产业,形成集群发展。推进氢燃料电池汽车在物流运输、公共交通、市政环卫等领域试点应用,促进氢能制、输、储、用一体化发展。

（3）大力拓展可再生能源产业链,完善风光等新能源配套设施

加快发展光伏制造、风电制造和清洁能源生产性服务业,推进氢能制备、存储、加注等技术开发,不断提高可再生能源在能源消费中的占比;积极培育储能及新能源汽车产业。大力发展使用新能源车,将新能源车用在交通运输、仓储和邮政行业,为安徽省低碳转型助力。

10.2.4　优化产业结构

由研究结论可知,产业结构是安徽省碳达峰的主要影响因素。因此,为了降低能源消耗,为安徽省早日碳达峰提供支撑,安徽省需要优化产业结构。

（1）努力降低第二产业比重

优化产业结构的目标,就是让第二产业的比重降下来,可以有效降低碳排放。《安徽统计年鉴》(2023)显示,2022 年,安徽省工业用能 10 192.97 万吨标准煤,约占能源消费总量的 65%,可见工业生产是安徽省能源消费的主要来源。

（2）注意工业内部结构的调整

对高能耗、高污染产业企业进行重点监控,限制其扩张发展,让工业内部产业结构更加科学合理,为降低能耗提供空间;还应该注意工业产业的集约式发展,关、停、并、转一些老旧破小企业,提高工业生产的集约化水平,这样有利于行业技术进步,为节能提供空间,为安徽省碳达峰提供有力支撑。

（3）传统工业转型升级

应对制造业进行转型升级,运用大数据、云计算、物联网、人工智能等技术,让传统制造业通过数字化、智能化、网络化改造,提高制造业的科技化水平,达到提高能源利用效率、节约能源消耗、降低碳排放的目的。

（4）大力发展战略新兴产业

战略新兴产业与传统产业相比,更加具有科技性、能源消耗低的特点,因此应重视安徽省战略新兴产业的发展。安徽省应大力发展的战略新兴产业包括:新一代信息技术、人工智能、新材料、节能环保、新能源汽车和智能网联汽车、高端装备制造、智能家电、生命健康、绿色食品、数字创意等十大新兴产业,应努力形成产业集群,为安徽省发展低碳经济提供新的动力。

10.2.5　注重科技创新

通过科技创新,努力降低能源强度,减少经济发展对能源的依赖程度;通过

新能源技术进步,大力发展和应用新能源技术,有效优化能源结构,降低能源中的碳含量;技术进步也可以提高能源利用效率,减少能源的消耗,为碳达峰提供科技支撑。

基于安徽省在科技创新投入、科技创新产出和科技效率分析方面的结论,为提高安徽省科技创新水平,建议采取的主要对策如下。

(1)加大区域内研发经费投入

研究发现,安徽省的研发投入远远低于长三角兄弟省份,为了提升安徽省的科技创新能力,应该增加研发经费投入。

一是要增加科研人员。对科研人才队伍的建设,应注重引进人才和培养人才并重。引进人才时,注重引进地区外领军人才,可以为安徽省人才队伍建设发挥核心带头作用。完善人才引进机制,健全完善政府支持企业引才引智政策,持续实施招才引才项目,及时全面兑现政策承诺。发挥院士工作站、专家服务基地、科技创新团队的作用,完善常态化人才柔性引进机制,搭建人才公共服务平台,建立区外高端人才在皖"传帮带"机制。

对其他人才应注重单位内部培养。不断完善人才培养机制,推广产学研用协同育人模式,建立梯度培养机制,实施知识更新工程、技能提升行动,开展"人才+产业"行动计划,探索建立"政府出钱、企业育才"的人才培养储备机制,培养青年科技人才后备军。

二是要加强科研平台建设。加快推进建设科研创新平台,围绕安徽省特色优势产业布局创新链,加快建设省级工程技术研究中心、重点实验室和企业技术中心,争取建设国家级重点实验室和国家技术创新中心,打造一批以工业园区和重点企业为支撑的创新小高地,打好关键核心技术攻坚战。构建相关的科研平台,购进先进的研发设备,充实安徽省的科技实力,为安徽省科技创新能力提升提供支撑。

(2)努力增加科研产出

研究发现,安徽省在同等投入下,产出成果相对较少,因此应增加产出,提高科研的投入产出效率。

一是加强对科研人员的考核力度,增加科研产出。对科研项目不仅要重视申请,更要重视结题成果的数量和质量。

二是加强对科研人员的激励。加大奖励力度,激励科研人员多出成果、快出成果;同时要提高科研人才待遇。通过高收入留住人才,让科技人才可以安心工作,不为生活忧愁。构建充分体现知识、技术等创新要素价值的收益分配机制。实施高层次特殊人才支持计划,完善科研人员职务发明成果权益分享机制,鼓励企事业单位对急需紧缺高层次人才实行灵活多样的分配方式。

（3）提高科研工作管理水平

研究发现，安徽省科研投入存在资源浪费、规模效率不高等突出问题。因此为提高安徽省科研效率，应注重提高管理水平。

一是科学控制投入规模。应将安徽省科技投入控制在规模报酬不变附近运作，防止过度投入导致的浪费。

二是提高科研各种投入要素的匹配性。防止造成管理上的短板效应，造成投入资源的浪费；注重科研考核，防止科研人员在项目研究中的弄虚作假。

三是加强区域合作。与长三角兄弟省份加强区域合作交流，促进先进地区的科学技术扩散，先进带后进，促进安徽省科技发展水平的提高。

（4）注重科研成果的转化

通过科研成果的转化，更好地促进科技创新在降碳方面的应用，助力产业升级和结构优化，推进安徽省生产生活方式绿色革命，为安徽省早日实现碳达峰贡献技术力量。如推进工业绿色化、智能化节能技术改造，推广节能低碳新技术、新设备，努力打造智慧建筑、智慧交通、智慧制造，推进绿色社区创建行动，实现社区绿色低碳发展等。

10.2.6 发展 CCUS 技术及应用

（1）CCUS 是减碳的终端手段

CCUS 是规模化减排的关键途径，是碳中和目标实现的关键核心技术。据国际能源署预测，2060 年 CCUS 对全球净零排放目标的贡献率将达 17.4%，2070 年将超 20%，是实现碳中和目标不可或缺的技术。安徽省发展 CCUS 技术及应用，可以有效助力碳达峰。

（2）安徽省具有碳封存的地质条件

当前，安徽省拥有"两淮"国家大型煤炭基地、皖电东送基地、淮南现代煤化工基地，在煤炭生产、火电运行、煤炭转化的过程中，集中排放了大量 CO_2。同时，安徽省拥有两淮煤炭基地，井下采空区众多，这为 CO_2 地下封存提供了广阔的空间。因此，安徽省具有 CCUS 固碳的条件。

因此安徽省必须重视 CCUS 等碳移除技术的研发，努力降低成本，取得技术、经济和环保的综合效益。

（3）安徽省应注重生物降碳

安徽省在大力发展 CCUS 技术的同时，还需坚持生态固碳与人工用碳相结合,增加生态系统固碳、吸碳的能力与规模。建设好生态保护林,建立健全覆盖全域的空间规划体系,实施重大生态保护修复工程,推动金寨等自然保护区生态保护修复和环境综合治理。

《安徽省国民经济和社会发展第十四个五年规划和 2035 年远景目标纲要》指出:安徽省力争未来森林覆盖率达到 31% 以上,大气、水、土壤、森林、湿地环境持续改善,生态安全屏障更加牢固,为生态固碳打下好的基础。

10.2.7 完善碳市场

完善碳市场,就是要对安徽省碳排放的总量目标进行控制,有利于碳达峰的顺利实现。为了完善碳市场,应努力做好如下工作。

(1) 完善统计、核查等配套管理机制

建立完善二氧化碳核算与统计体系,明确各类排放源二氧化碳排放量核算方法、管理台账和执行报告要求,构建全面、精准、快速的碳排放清单;对接统计部门,形成一体化的排放统计与核算体系;结合全国碳市场的监测、报送、核查(MRV)机制,完善和强化企业碳配额管理体系,将企业碳总量指标完成情况纳入环境执法、督察内容,严格落实企业超量排放执法和处罚。加强对两淮煤炭基地建立独立统计核算能力,在两淮煤炭基地组建专门统计小组进行统计。

(2) 科学制定区域企业碳配额,为碳市场交易奠定基础

安徽省应依据区域碳达峰的目标、进程,科学制定碳排放总量,并制定碳配额发放方法,实现碳排放达峰目标约束下的碳配额发放与交易。

加快推进碳排放权市场化交易,按照国家部署有序推进电力行业企业纳入全国碳市场运行管理。

推动两淮煤炭基地煤化工产业集群重点企业积极开发 CCER(核证自愿减排量)项目,为后续参与全国碳市场交易积极储备,不断提高减排效果。

(3) 实施碳普惠机制,引导社会大众参与碳市场

碳普惠制是指通过财政支持、商业激励等方式对社会公众节能降碳等绿色行为产生的减碳量予以量化并以碳惠形式进行奖励的制度。碳普惠制的核心在于聚焦消费端碳排放管控,运用市场机制和经济手段对社会公众低碳行为进行普惠性质奖励,以激发全社会参与节能减碳的积极性。碳普惠制正逐渐发展成为碳排放权交易制度的重要补充,二者共同作用能够更有力地减少温室气体排放、促进绿色低碳发展。

10.2.8 积极争取国家政策

安徽省是中部地区重要的能源基地,长期以来为苏沪浙三个地区的经济发展做出巨大贡献。皖电东送是安徽省煤炭保障长三角能源安全的重要屏障。依据《安徽省能源产业发展战略研究报告》可知,截至 2020 年 3 月,"皖电东送"发电量累计突破 6 000 亿 kW·h,年耗煤量约 3 000 万 t,占全省煤炭消费总量的 18%。

因此,如果本着"谁受益,谁买单"的经济学思想,使用安徽省火电的省域承担相应的 CO_2 排放责任,则安徽省的碳排放量将降低,这将极大地促进安徽省碳达峰工作的进行。

安徽省应积极向中央争取 CO_2 排放责任划分政策,分清碳排放责任,为安徽省碳达峰创造有利的政策支持。

附　　录

附录1　我国能源对外依存度情况

附表 1-1　2005—2022 年我国能源对外依存度

数量单位:万吨标准煤

年份	一次能源 生产总量	进口量	出口量	能源净 进口量	能源 消费总量	能源对外依存度/% (能源净进口量/ 能源消费总量)
2005	229 037	26 823	11 257	15 566	261 369	5.96
2006	244 763	31 098	10 500	20 598	286 467	7.19
2007	264 173	35 027	9 945	25 082	311 442	8.05
2008	277 419	36 935	9 624	27 311	320 611	8.52
2009	286 092	47 518	8 436	39 082	336 126	11.63
2010	312 125	57 671	8 803	48 868	360 648	13.55
2011	340 178	65 437	8 449	56 988	387 043	14.72
2012	351 041	68 701	7 374	61 327	402 138	15.25
2013	358 784	73 420	8 005	65 415	416 913	15.69
2014	362 212	78 027	8 270	69 757	428 334	16.29
2015	362 193	77 695	9 785	67 910	434 113	15.64
2016	345 954	90 235	11 956	78 279	441 492	17.73
2017	358 867	100 039	12 669	87 370	455 827	19.17
2018	378 859	110 787	13 337	97 450	471 925	20.65

附表1-1（续）

年份	一次能源生产总量	进口量	出口量	能源净进口量	能源消费总量	能源对外依存度/%（能源净进口量/能源消费总量）
2019	397 317	119 064	14 151	104 913	487 488	21.52
2020	407 295	124 805	12 838	111 967	498 314	22.47
2021	427 115	124 807	13 122	111 685	525 896	21.24
2022	463 808	120 236	12 197	108 039	540 956	19.97

数据来源：国家统计局网站。

附表 1-2　2005—2022 年我国原油对外依存度　　　数量单位：万 t

年份	①原油生产量	②进口原油量	③出口原油量（一）	④原油能源消费总量	⑤原油表观消费量（=①+②-③）	原油对外依存度/%（=②/⑤＊100%）
2005	18 135.3	12 681.7	806.7	30 088.9	30 010.3	42.26
2006	18 476.6	14 517.5	633.7	32 245.2	32 360.4	44.86
2007	18 631.8	16 316.0	388.4	34 031.6	34 559.4	47.21
2008	19 044.0	17 888.5	423.8	35 510.3	36 508.7	49.00
2009	18 949.0	20 365.3	507.3	38 128.6	38 807.0	52.48
2010	20 301.4	23 768.2	303.0	42 874.6	43 766.6	54.31
2011	20 287.6	25 377.9	251.4	43 965.8	45 414.1	55.88
2012	20 747.8	27 102.7	243.2	46 678.9	47 607.3	56.93
2013	20 991.9	28 174.2	161.7	48 652.2	49 004.4	57.49
2014	21 142.9	30 837.4	60.0	51 597.0	51 920.3	59.39
2015	21 455.6	33 548.3	286.6	54 788.3	54 717.3	61.31
2016	19 968.5	38 100.7	294.1	57 125.9	57 775.1	65.95
2017	19 150.6	41 946.2	486.1	59 402.2	60 610.7	69.21
2018	18 932.4	46 188.5	262.7	63 004.3	64 858.2	71.21
2019	19 101.4	50 567.6	81.0	67 268.3	69 588.0	72.67
2020	19 476.9	54 200.7	163.8	69 477.1	73 513.8	73.73
2021	19 888.1	51 292.2	261.1	72 298.9	70 919.2	72.32
2022	20 472.2	50 823.1	205.2	70 022.9	71 090.1	71.49

数据来源：国家统计局网站。

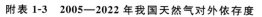
附表 1-3　2005—2022 年我国天然气对外依存度

数量单位：亿 m³

年份	生产量	进口量	出口量	消费总量	对外依赖量 （＝消费量－国内 生产量）	对外依存度/% （＝对外依赖量/ 消费总量＊100%）
2005	493.2	—	29.7	466.1	−27.1	−5.81
2006	585.5	9.5	29.0	573.3	−12.2	−2.13
2007	692.4	40.2	26.0	705.2	12.8	1.82
2008	803.0	46.0	32.5	812.9	9.9	1.22
2009	852.7	76.3	32.1	895.2	42.5	4.75
2010	957.9	164.7	40.3	1 080.2	122.3	11.32
2011	1 053.4	311.5	31.9	1 341.1	287.7	21.45
2012	1 106.1	420.6	28.9	1 497.0	390.9	26.11
2013	1 208.6	525.4	27.5	1 705.4	496.8	29.13
2014	1 301.6	591.3	26.1	1 870.6	569.0	30.42
2015	1 346.1	611.4	32.5	1 931.8	585.7	30.32
2016	1 368.7	745.6	33.8	2 078.1	709.4	34.14
2017	1 480.4	945.6	35.3	2 393.7	913.3	38.15
2018	1 601.6	1 246.4	33.6	2 817.1	1 215.5	43.15
2019	1 761.7	1 331.8	36.1	3 059.7	1 298.0	42.42
2020	1 994.9	1 397.0	51.7	3 339.9	1 345.0	40.27
2021	2 155.5	1 673.5	55.2	3 773.0	1 617.5	42.87
2022	2 304.1	1 506.5	58.4	3 747.0	1 442.9	38.51

数据来源：国家统计局网站。

附表 1-4　2005—2022 年我国煤炭对外依存度　　数量单位：万 t

年份	①煤炭 生产量	②进口 煤炭量	③出口 煤炭量	④煤炭 能源消费量	⑤煤炭对外依存度/% ［＝（②－③）/④×100%］
2005	236 515	2 622	7 173	243 375	−1.87
2006	256 973	3 822	6 328	270 639	−0.93
2007	275 989	5 160	5 319	290 410	−0.05

附表1-4(续)

年份	①煤炭 生产量	②进口 煤炭量	③出口 煤炭量	④煤炭 能源消费量	⑤煤炭对外依存度/% [=(②-③)/④×100%]
2008	290 341	4 363	4 558	300 605	−0.06
2009	311 535	13 188	2 240	325 003	3.37
2010	342 845	18 307	1 911	349 008	4.70
2011	376 444	22 236	1 467	388 961	5.34
2012	394 513	28 841	927	411 727	6.78
2013	397 432	32 702	751	424 426	7.53
2014	387 392	29 122	574	413 633	6.90
2015	374 654	20 406	534	399 834	4.97
2016	341 060	25 555	879	388 820	6.35
2017	352 356	27 093	809	391 403	6.72
2018	369 774	28 210	494	397 452	6.97
2019	384 633	29 977	603	401 915	7.31
2020	390 158	30 361	319	404 860	7.42
2021	412 583	32 327	261	429 576	7.46
2022	455 855	29 370	401	448 246	6.46

附录2　中共中央 国务院关于完整准确全面贯彻新发展理念做好碳达峰碳中和工作的意见

（2021 年 9 月 22 日）

实现碳达峰、碳中和，是以习近平同志为核心的党中央统筹国内国际两个大局作出的重大战略决策，是着力解决资源环境约束突出问题、实现中华民族永续发展的必然选择，是构建人类命运共同体的庄严承诺。为完整、准确、全面贯彻新发展理念，做好碳达峰、碳中和工作，现提出如下意见。

一、总体要求

（一）指导思想

以习近平新时代中国特色社会主义思想为指导，全面贯彻党的十九大和十九届二中、三中、四中、五中全会精神，深入贯彻习近平生态文明思想，立足新发展阶段，贯彻新发展理念，构建新发展格局，坚持系统观念，处理好发展和减排、整体和局部、短期和中长期的关系，把碳达峰、碳中和纳入经济社会发展全局，以经济社会发展全面绿色转型为引领，以能源绿色低碳发展为关键，加快形成节约资源和保护环境的产业结构、生产方式、生活方式、空间格局，坚定不移走生态优先、绿色低碳的高质量发展道路，确保如期实现碳达峰、碳中和。

（二）工作原则

实现碳达峰、碳中和目标，要坚持"全国统筹、节约优先、双轮驱动、内外畅通、防范风险"原则。

——全国统筹。全国一盘棋，强化顶层设计，发挥制度优势，实行党政同责，压实各方责任。根据各地实际分类施策，鼓励主动作为、率先达峰。

——节约优先。把节约能源资源放在首位，实行全面节约战略，持续降低单位产出能源资源消耗和碳排放，提高投入产出效率，倡导简约适度、绿色低碳生活方式，从源头和入口形成有效的碳排放控制阀门。

——双轮驱动。政府和市场两手发力，构建新型举国体制，强化科技和制度创新，加快绿色低碳科技革命。深化能源和相关领域改革，发挥市场机制作用，形成有效激励约束机制。

——内外畅通。立足国情实际,统筹国内国际能源资源,推广先进绿色低碳技术和经验。统筹做好应对气候变化对外斗争与合作,不断增强国际影响力和话语权,坚决维护我国发展权益。

——防范风险。处理好减污降碳和能源安全、产业链供应链安全、粮食安全、群众正常生活的关系,有效应对绿色低碳转型可能伴随的经济、金融、社会风险,防止过度反应,确保安全降碳。

二、主要目标

到 2025 年,绿色低碳循环发展的经济体系初步形成,重点行业能源利用效率大幅提升。单位国内生产总值能耗比 2020 年下降 13.5%;单位国内生产总值二氧化碳排放比 2020 年下降 18%;非化石能源消费比重达到 20%左右;森林覆盖率达到 24.1%,森林蓄积量达到 180 亿 m³,为实现碳达峰、碳中和奠定坚实基础。

到 2030 年,经济社会发展全面绿色转型取得显著成效,重点耗能行业能源利用效率达到国际先进水平。单位国内生产总值能耗大幅下降;单位国内生产总值二氧化碳排放比 2005 年下降 65%以上;非化石能源消费比重达到 25%左右,风电、太阳能发电总装机容量达到 12 亿 kW 以上;森林覆盖率达到 25%左右,森林蓄积量达到 190 亿 m³,二氧化碳排放量达到峰值并实现稳中有降。

到 2060 年,绿色低碳循环发展的经济体系和清洁低碳安全高效的能源体系全面建立,能源利用效率达到国际先进水平,非化石能源消费比重达到 80%以上,碳中和目标顺利实现,生态文明建设取得丰硕成果,开创人与自然和谐共生新境界。

三、推进经济社会发展全面绿色转型

（三）强化绿色低碳发展规划引领

将碳达峰、碳中和目标要求全面融入经济社会发展中长期规划,强化国家发展规划、国土空间规划、专项规划、区域规划和地方各级规划的支撑保障。加强各级各类规划间衔接协调,确保各地区各领域落实碳达峰、碳中和的主要目标、发展方向、重大政策、重大工程等协调一致。

（四）优化绿色低碳发展区域布局

持续优化重大基础设施、重大生产力和公共资源布局,构建有利于碳达峰、碳中和的国土空间开发保护新格局。在京津冀协同发展、长江经济带发展、粤港澳大湾区建设、长三角一体化发展、黄河流域生态保护和高质量发展等区域重大战略实施中,强化绿色低碳发展导向和任务要求。

（五）加快形成绿色生产生活方式

大力推动节能减排,全面推进清洁生产,加快发展循环经济,加强资源综合利用,不断提升绿色低碳发展水平。扩大绿色低碳产品供给和消费,倡导绿色低碳生活方式。把绿色低碳发展纳入国民教育体系。开展绿色低碳社会行动示范创建。凝聚全社会共识,加快形成全民参与的良好格局。

四、深度调整产业结构

（六）推动产业结构优化升级

加快推进农业绿色发展,促进农业固碳增效。制定能源、钢铁、有色金属、石化化工、建材、交通、建筑等行业和领域碳达峰实施方案。以节能降碳为导向,修订产业结构调整指导目录。开展钢铁、煤炭去产能"回头看",巩固去产能成果。加快推进工业领域低碳工艺革新和数字化转型。开展碳达峰试点园区建设。加快商贸流通、信息服务等绿色转型,提升服务业低碳发展水平。

（七）坚决遏制高耗能高排放项目盲目发展

新建、扩建钢铁、水泥、平板玻璃、电解铝等高耗能高排放项目严格落实产能等量或减量置换,出台煤电、石化、煤化工等产能控制政策。未纳入国家有关领域产业规划的,一律不得新建改扩建炼油和新建乙烯、对二甲苯、煤制烯烃项目。合理控制煤制油气产能规模。提升高耗能高排放项目能耗准入标准。加强产能过剩分析预警和窗口指导。

（八）大力发展绿色低碳产业

加快发展新一代信息技术、生物技术、新能源、新材料、高端装备、新能源汽车、绿色环保以及航空航天、海洋装备等战略性新兴产业。建设绿色制造体系。推动互联网、大数据、人工智能、第五代移动通信（5G）等新兴技术与绿色低碳产业深度融合。

五、加快构建清洁低碳安全高效能源体系

（九）强化能源消费强度和总量双控

坚持节能优先的能源发展战略,严格控制能耗和二氧化碳排放强度,合理控制能源消费总量,统筹建立二氧化碳排放总量控制制度。做好产业布局、结构调整、节能审查与能耗双控的衔接,对能耗强度下降目标完成形势严峻的地区实行项目缓批限批、能耗等量或减量替代。强化节能监察和执法,加强能耗及二氧化

碳排放控制目标分析预警,严格责任落实和评价考核。加强甲烷等非二氧化碳温室气体管控。

（十）大幅提升能源利用效率

把节能贯穿于经济社会发展全过程和各领域,持续深化工业、建筑、交通运输、公共机构等重点领域节能,提升数据中心、新型通信等信息化基础设施能效水平。健全能源管理体系,强化重点用能单位节能管理和目标责任。瞄准国际先进水平,加快实施节能降碳改造升级,打造能效"领跑者"。

（十一）严格控制化石能源消费

加快煤炭减量步伐,"十四五"时期严控煤炭消费增长,"十五五"时期逐步减少。石油消费"十五五"时期进入峰值平台期。统筹煤电发展和保供调峰,严控煤电装机规模,加快现役煤电机组节能升级和灵活性改造。逐步减少直至禁止煤炭散烧。加快推进页岩气、煤层气、致密油气等非常规油气资源规模化开发。强化风险管控,确保能源安全稳定供应和平稳过渡。

（十二）积极发展非化石能源

实施可再生能源替代行动,大力发展风能、太阳能、生物质能、海洋能、地热能等,不断提高非化石能源消费比重。坚持集中式与分布式并举,优先推动风能、太阳能就地就近开发利用。因地制宜开发水能。积极安全有序发展核电。合理利用生物质能。加快推进抽水蓄能和新型储能规模化应用。统筹推进氢能"制储输用"全链条发展。构建以新能源为主体的新型电力系统,提高电网对高比例可再生能源的消纳和调控能力。

（十三）深化能源体制机制改革

全面推进电力市场化改革,加快培育发展配售电环节独立市场主体,完善中长期市场、现货市场和辅助服务市场衔接机制,扩大市场化交易规模。推进电网体制改革,明确以消纳可再生能源为主的增量配电网、微电网和分布式电源的市场主体地位。加快形成以储能和调峰能力为基础支撑的新增电力装机发展机制。完善电力等能源品种价格市场化形成机制。从有利于节能的角度深化电价改革,理顺输配电价结构,全面放开竞争性环节电价。推进煤炭、油气等市场化改革,加快完善能源统一市场。

六、加快推进低碳交通运输体系建设

（十四）优化交通运输结构

加快建设综合立体交通网,大力发展多式联运,提高铁路、水路在综合运输中的承运比重,持续降低运输能耗和二氧化碳排放强度。优化客运组织,引导客运企业规模化、集约化经营。加快发展绿色物流,整合运输资源,提高利用效率。

（十五）推广节能低碳型交通工具

加快发展新能源和清洁能源车船,推广智能交通,推进铁路电气化改造,推动加氢站建设,促进船舶靠港使用岸电常态化。加快构建便利高效、适度超前的充换电网络体系。提高燃油车船能效标准,健全交通运输装备能效标识制度,加快淘汰高耗能高排放老旧车船。

（十六）积极引导低碳出行

加快城市轨道交通、公交专用道、快速公交系统等大容量公共交通基础设施建设,加强自行车专用道和行人步道等城市慢行系统建设。综合运用法律、经济、技术、行政等多种手段,加大城市交通拥堵治理力度。

七、提升城乡建设绿色低碳发展质量

（十七）推进城乡建设和管理模式低碳转型

在城乡规划建设管理各环节全面落实绿色低碳要求。推动城市组团式发展,建设城市生态和通风廊道,提升城市绿化水平。合理规划城镇建筑面积发展目标,严格管控高能耗公共建筑建设。实施工程建设全过程绿色建造,健全建筑拆除管理制度,杜绝大拆大建。加快推进绿色社区建设。结合实施乡村建设行动,推进县城和农村绿色低碳发展。

（十八）大力发展节能低碳建筑

持续提高新建建筑节能标准,加快推进超低能耗、近零能耗、低碳建筑规模化发展。大力推进城镇既有建筑和市政基础设施节能改造,提升建筑节能低碳水平。逐步开展建筑能耗限额管理,推行建筑能效测评标识,开展建筑领域低碳发展绩效评估。全面推广绿色低碳建材,推动建筑材料循环利用。发展绿色农房。

（十九）加快优化建筑用能结构

深化可再生能源建筑应用,加快推动建筑用能电气化和低碳化。开展建筑屋顶光伏行动,大幅提高建筑采暖、生活热水、炊事等电气化普及率。在北方城镇加快推进热电联产集中供暖,加快工业余热供暖规模化发展,积极稳妥推进核电余热供暖,因地制宜推进热泵、燃气、生物质能、地热能等清洁低碳供暖。

八、加强绿色低碳重大科技攻关和推广应用

（二十）强化基础研究和前沿技术布局

制定科技支撑碳达峰、碳中和行动方案，编制碳中和技术发展路线图。采用"揭榜挂帅"机制，开展低碳零碳负碳和储能新材料、新技术、新装备攻关。加强气候变化成因及影响、生态系统碳汇等基础理论和方法研究。推进高效率太阳能电池、可再生能源制氢、可控核聚变、零碳工业流程再造等低碳前沿技术攻关。培育一批节能降碳和新能源技术产品研发国家重点实验室、国家技术创新中心、重大科技创新平台。建设碳达峰、碳中和人才体系，鼓励高等学校增设碳达峰、碳中和相关学科专业。

（二十一）加快先进适用技术研发和推广

深入研究支撑风电、太阳能发电大规模友好并网的智能电网技术。加强电化学、压缩空气等新型储能技术攻关、示范和产业化应用。加强氢能生产、储存、应用关键技术研发、示范和规模化应用。推广园区能源梯级利用等节能低碳技术。推动气凝胶等新型材料研发应用。推进规模化碳捕集利用与封存技术研发、示范和产业化应用。建立完善绿色低碳技术评估、交易体系和科技创新服务平台。

九、持续巩固提升碳汇能力

（二十二）巩固生态系统碳汇能力

强化国土空间规划和用途管控，严守生态保护红线，严控生态空间占用，稳定现有森林、草原、湿地、海洋、土壤、冻土、岩溶等固碳作用。严格控制新增建设用地规模，推动城乡存量建设用地盘活利用。严格执行土地使用标准，加强节约集约用地评价，推广节地技术和节地模式。

（二十三）提升生态系统碳汇增量

实施生态保护修复重大工程，开展山水林田湖草沙一体化保护和修复。深入推进大规模国土绿化行动，巩固退耕还林还草成果，实施森林质量精准提升工程，持续增加森林面积和蓄积量。加强草原生态保护修复。强化湿地保护。整体推进海洋生态系统保护和修复，提升红树林、海草床、盐沼等固碳能力。开展耕地质量提升行动，实施国家黑土地保护工程，提升生态农业碳汇。积极推动岩溶碳汇开发利用。

十、提高对外开放绿色低碳发展水平

（二十四）加快建立绿色贸易体系

持续优化贸易结构，大力发展高质量、高技术、高附加值绿色产品贸易。完善出口政策，严格管理高耗能高排放产品出口。积极扩大绿色低碳产品、节能环保服务、环境服务等进口。

（二十五）推进绿色"一带一路"建设

加快"一带一路"投资合作绿色转型。支持共建"一带一路"国家开展清洁能源开发利用。大力推动南南合作，帮助发展中国家提高应对气候变化能力。深化与各国在绿色技术、绿色装备、绿色服务、绿色基础设施建设等方面的交流与合作，积极推动我国新能源等绿色低碳技术和产品走出去，让绿色成为共建"一带一路"的底色。

（二十六）加强国际交流与合作

积极参与应对气候变化国际谈判，坚持我国发展中国家定位，坚持共同但有区别的责任原则、公平原则和各自能力原则，维护我国发展权益。履行《联合国气候变化框架公约》及其《巴黎协定》，发布我国长期温室气体低排放发展战略，积极参与国际规则和标准制定，推动建立公平合理、合作共赢的全球气候治理体系。加强应对气候变化国际交流合作，统筹国内外工作，主动参与全球气候和环境治理。

十一、健全法律法规标准和统计监测体系

（二十七）健全法律法规

全面清理现行法律法规中与碳达峰、碳中和工作不相适应的内容，加强法律法规间的衔接协调。研究制定碳中和专项法律，抓紧修订节约能源法、电力法、煤炭法、可再生能源法、循环经济促进法等，增强相关法律法规的针对性和有效性。

（二十八）完善标准计量体系

建立健全碳达峰、碳中和标准计量体系。加快节能标准更新升级，抓紧修订一批能耗限额、产品设备能效强制性国家标准和工程建设标准，提升重点产品能耗限额要求，扩大能耗限额标准覆盖范围，完善能源核算、检测认证、评估、审计等配套标准。加快完善地区、行业、企业、产品等碳排放核查核算报告标准，建立统一规范的碳核算体系。制定重点行业和产品温室气体排放标准，完善低碳产

品标准标识制度。积极参与相关国际标准制定,加强标准国际衔接。

（二十九）提升统计监测能力

健全电力、钢铁、建筑等行业领域能耗统计监测和计量体系,加强重点用能单位能耗在线监测系统建设。加强二氧化碳排放统计核算能力建设,提升信息化实测水平。依托和拓展自然资源调查监测体系,建立生态系统碳汇监测核算体系,开展森林、草原、湿地、海洋、土壤、冻土、岩溶等碳汇本底调查和碳储量评估,实施生态保护修复碳汇成效监测评估。

十二、完善政策机制

（三十）完善投资政策

充分发挥政府投资引导作用,构建与碳达峰、碳中和相适应的投融资体系,严控煤电、钢铁、电解铝、水泥、石化等高碳项目投资,加大对节能环保、新能源、低碳交通运输装备和组织方式、碳捕集利用与封存等项目的支持力度。完善支持社会资本参与政策,激发市场主体绿色低碳投资活力。国有企业要加大绿色低碳投资,积极开展低碳零碳负碳技术研发应用。

（三十一）积极发展绿色金融

有序推进绿色低碳金融产品和服务开发,设立碳减排货币政策工具,将绿色信贷纳入宏观审慎评估框架,引导银行等金融机构为绿色低碳项目提供长期限、低成本资金。鼓励开发性政策性金融机构按照市场化法治化原则为实现碳达峰、碳中和提供长期稳定融资支持。支持符合条件的企业上市融资和再融资用于绿色低碳项目建设运营,扩大绿色债券规模。研究设立国家低碳转型基金。鼓励社会资本设立绿色低碳产业投资基金。建立健全绿色金融标准体系。

（三十二）完善财税价格政策

各级财政要加大对绿色低碳产业发展、技术研发等的支持力度。完善政府绿色采购标准,加大绿色低碳产品采购力度。落实环境保护、节能节水、新能源和清洁能源车船税收优惠。研究碳减排相关税收政策。建立健全促进可再生能源规模化发展的价格机制。完善差别化电价、分时电价和居民阶梯电价政策。严禁对高耗能、高排放、资源型行业实施电价优惠。加快推进供热计量改革和按供热量收费。加快形成具有合理约束力的碳价机制。

（三十三）推进市场化机制建设

依托公共资源交易平台,加快建设完善全国碳排放权交易市场,逐步扩大市场覆盖范围,丰富交易品种和交易方式,完善配额分配管理。将碳汇交易纳入全国碳排放权交易市场,建立健全能够体现碳汇价值的生态保护补偿机制。健全企业、金融机构等碳排放报告和信息披露制度。完善用能权有偿使用和交易制度,加快建设全国用能权交易市场。加强电力交易、用能权交易和碳排放权交易的统筹衔接。发展市场化节能方式,推行合同能源管理,推广节能综合服务。

十三、切实加强组织实施

(三十四)加强组织领导

加强党中央对碳达峰、碳中和工作的集中统一领导,碳达峰碳中和工作领导小组指导和统筹做好碳达峰、碳中和工作。支持有条件的地方和重点行业、重点企业率先实现碳达峰,组织开展碳达峰、碳中和先行示范,探索有效模式和有益经验。将碳达峰、碳中和作为干部教育培训体系重要内容,增强各级领导干部推动绿色低碳发展的本领。

(三十五)强化统筹协调

国家发展改革委要加强统筹,组织落实 2030 年前碳达峰行动方案,加强碳中和工作谋划,定期调度各地区各有关部门落实碳达峰、碳中和目标任务进展情况,加强跟踪评估和督促检查,协调解决实施中遇到的重大问题。各有关部门要加强协调配合,形成工作合力,确保政策取向一致、步骤力度衔接。

(三十六)压实地方责任

落实领导干部生态文明建设责任制,地方各级党委和政府要坚决扛起碳达峰、碳中和责任,明确目标任务,制定落实举措,自觉为实现碳达峰、碳中和作出贡献。

(三十七)严格监督考核

各地区要将碳达峰、碳中和相关指标纳入经济社会发展综合评价体系,增加考核权重,加强指标约束。强化碳达峰、碳中和目标任务落实情况考核,对工作突出的地区、单位和个人按规定给予表彰奖励,对未完成目标任务的地区、部门依规依法实行通报批评和约谈问责,有关落实情况纳入中央生态环境保护督察。各地区各有关部门贯彻落实情况每年向党中央、国务院报告。

参考文献

[1] 程澍.基于 LEAP 模型的吉林省能源需求及碳排放研究[D].长春:吉林大学,2023.

[2] 付加锋,高庆先,师华定.基于生产与消费视角的 CO_2 环境库茨涅兹曲线的实证研究[J].气候变化研究进展,2008,4(6):376-381.

[3] 韩贵锋,徐建华,苏方林,等.环境库兹涅茨曲线(EKC)研究评述[J].环境与可持续发展,2006,31(1):1-3.

[4] 贾晶迪,王飞,张圆圆,等.基于 LEAP 模型的山西省能源活动领域碳达峰路径[J].环境科学,DOI:10.13227/j.hjkx.202403232.

[5] 康利改,曹紫霖,刘伟,等.基于 STIRPAT 模型的京津冀"碳达峰"预测研究[J].河北科技大学学报,2023,44(4):421-430.

[6] 李磊.新疆经济发展中碳排放变动的因素分析[J].干旱区资源与环境,2011,25(8):7-12.

[7] 李昕,张明明.SPSS 28.0 统计分析从入门到精通:升级版[M].北京:电子工业出版社,2022.

[8] 李忠民,姚宇.低碳经济学[M].北京:经济科学出版社,2018.

[9] 林伯强,蒋竺均.中国二氧化碳的环境库兹涅茨曲线预测及影响因素分析[J].管理世界,2009(4):27-36.

[10] 刘思峰.灰色系统理论及其应用[M].9 版.北京:科学出版社,2021.

[11] 刘伟,罗景辉.基于 STIRPAT 模型的河北省碳达峰预测与实现路径研究[J].河北省科学院学报,2023,40(5):7-16.

[12] 卢志贤.基于 LEAP 模型的京津冀地区能源消费部门减污降碳协同效应研

究[D].兰州:兰州大学,2023.

[13] 陆彪,郝永康,陈德敏,等.基于情景分析法的安徽省能源消耗及碳排放分析[J].环境工程技术学报,2024,14(3):788-797.

[14] 邱婷婷.基于LEAP模型的北京市怀柔区碳排放预测与减排潜力研究[D].北京:北京化工大学,2024.

[15] 任伟,杨嘉宁,郭晓梦.基于STIRPAT模型的河北省碳达峰情景预测研究[J].华北理工大学学报(社会科学版),2023,23(4):34-41.

[16] 邵锋祥,屈小娥,席瑶.陕西省碳排放环境库兹涅茨曲线及影响因素:基于1978—2008年的实证分析[J].干旱区资源与环境,2012,26(8):37-43.

[17] 滕飞,平冰宇,边远,等.基于STIRPAT模型的东三省"碳排放"预测与达峰路径研究[J].通化师范学院学报,2022,43(10):18-30.

[18] 王东方.福建省"碳达峰"峰值预测及路径研究[J].绿色科技,2024,26(19):223-229.

[19] 王子贤.基于DEA模型对福建省科技创新效率的实证分析[J].闽南师范大学学报(自然科学版),2022,35(4):18-26.

[20] 许广月,宋德勇.中国碳排放环境库兹涅茨曲线的实证研究:基于省域面板数据[J].中国工业经济,2010(5):37-47.

[21] 杨晨.基于LEAP模型的北京市道路运输业碳减排路径研究[D].北京:北京邮电大学,2024.

[22] 杨月明.广东省某市碳达峰预测研究:基于Kaya模型和情景分析法[J].环境保护与循环经济,2024,44(4):98-101.

[23] 姚明秀,王森薇,雷一东.基于STIRPAT模型的上海市碳达峰预测研究[J].复旦学报(自然科学版),2023,62(2):226-237.

[24] 余杨晚晴,刘彪,朱效宏,等.基于LEAP模型的鄂尔多斯市低碳发展路径[J].环境科学,2024,45(9):5097-5105.

[25] 袁亮.煤炭工业碳中和发展战略构想[J].中国工程科学,2023,25(5):103-110.

[26] 原爱娟,张萌,刘翔,等.基于LEAP模型的能源活动领域非二氧化碳温室气体减排潜力研究[J].新疆环境保护,2024,46(3):22-28.

[27] 张佳雯,王鹏宇.基于LEAP模型的郑州市交通客运碳减排潜力分析[J].郑州铁路职业技术学院学报,2024,36(2):41-43.

[28] 张鹏.基于S-EKC理论的中国服务业碳排放实证研究[D].石家庄:河北经

贸大学,2014.

[29] 章昱斌.基于 STIRPAT 模型安徽省民用建筑终端能耗及碳排放达峰研究
[D].合肥:安徽建筑大学,2024.

[30] 邹松兵,康世明,袁腾港,等.甘肃省碳排放预测及减排情景分析[J].兰州大
学学报(自然科学版),2024,60(4):442-449.